빌 게이츠의 화장실

지속가능한 지구촌을 위한 화장실 혁명

빌 게이츠의 화장실

지속가능한 지구촌을 위한 화장실 혁명

이순희 지음

추천하는 글

인생은 짧고 세상은 넓다. 궁금하지 않은가? 세상 사람들은 어떻게 사는지. 아무리 열심히 살아도 모든 인생을 다 살아볼 수는 없다. 그래서 책과 영화 그리고 강연을 통해서 간접 경험을 한다. 하지만 백문불여일견百聞不如一見. 백 번 듣는 것이 한 번 보는 것만 못하다는 얘기. 여행만큼 좋은 게 없다.

사람들은 여행을 많이 한다. 그들은 무엇을 보고 느꼈는지 글과 사진으로 남긴다. 다음 여행자를 위해 정보도 많이 남긴다. 하지만 일상이든 여행이든 생활의 기본 구성요소는 같다. 먹고 자고 싸는 것이 바로 그것. 그런데 맛집과 저렴하고 좋은 호텔 이야기는 많이 남기지만 화장실 이야기는 거의 남기지 않는다. 전 세계 어디를 가더라도 화장실은 다 같았기 때문이다. 정말일까?

나도 무수히 많은 여행을 다닌다. 그 가운데 가장 기억에 남는 여행은 마다가스카르 탐험, 몽골 고비사막 공룡 화석 탐사, 실크로드 탐사, 보르네오 맹글로브 숲 탐사다. 원시적인 자연을 경험하고 순수한 사람을 만났다. 그런데 여기에 다녀와서 사람들에게 정작 가장 많이 이야기한 주제는 화장실이다.

가장 많이 이용한 화장실은 들판, 숲, 강과 연못이었다. 사람들이 다니지 않는 사막과 밀림 속에는 화장실이 없기 때문이다. 평화로운 배변이었을까? 아니다. 아무리 사막이라고 하더라도 사람의 눈을 피하기 어렵다. 밀림 속에는 웬 벌레가 그리도 많은지. 화장실을 찾지 못한 도시도 있었다. 어떻게 했냐고? 후미진 골목에서 엉덩이를 까고 볼 일을 봤다. 불안하고 무서웠다. 가령 화장실이 있다고 하더라도 웅덩이를 파고 그 위에 발판을 올려놓은 정도였다.

똥을 누지 않는 사람은 없지만 소문내고 똥 누는 사람은 없다. 외국인 집에 초대를 받았다고 하자. "화장실이 어디예요?"라고 물을 때 쓰는 세련된 표현은 "Where can I wash my hands?"다. "손을 어디서 씻을 수 있죠?"라고 물으면 '아, 화장실을 찾는구나'라고 알아듣는 것이다. 우리말도 마찬가지다. 화장실化粧室은 말 그대로 화장하는 데 필요한 설비를 갖춘 곳이라는 뜻이다. 나는 화장실에서 화장을 해 본 적이 없다.

불가에서는 화장실을 해우소解憂所라고 부른다. '근심을 풀어주는 곳'이란 뜻이다. 예전에 어른들은 '변소便所'라고 했다. '便(편)'자는 원래 '편하다'는 뜻이다. 똥을 누고 나면 마음이 편안해지기 때문이다. 화장실은 귀하다.

그런데 지구인 열 명 가운데 세 명은 제대로 된 화장실을 사용하지 못한다. 단순히 똥을 누는 게 불편한 일로 그치지 않는다. 화장실이 없어서 학교를 가지 못하고, 교육을 받지 못하니 좋은 직업을 가질 수 없고, 직업이 없으니 가난해서 화장실을 짓지 못한다. 야외에 똥을 누니 물이 오염되고 오염된 물을 마시니 병이 들어 죽는다.

우리는 21세기에 살고 있다. 사람이 달에 처음 다녀온 지도 50년이 넘었다. 그런데 아직도 똥 하나 맘대로 누지 못한다는 게 말이 되는가! 수세식 화장실을 사용하기 위해 하루에 50리터 이상의 수돗물을 사용하는 것도 염치없는 일이다. 화장실이 없는 곳과 마찬가지로 수세식 화장실을 사용하는 선진국에서도 새로운 화장실이 필요하기는 마찬가지다.

자연과 사람을 사랑하는 마음으로 어디에서나 사용할 수 있는 화장실을 꿈꿔 보자.

이정모(서울시립과학관장)

여는 글

"우리는 21세기를 살고 있습니다. 21세기가 되었는데도 우리 어머니나 누이들은 야외에서 볼일을 봐야 하니, 참으로 마음 아픈 일 아닙니까? 시골의 가난한 여성들은 볼일을 보려면 밤이 오길 기다립니다. 밖에 나가 볼일을 봐야 하니 어두워질 때까지 기를 쓰고 참는 겁니다. 그야말로 고문 아니겠습니까? 게다가 여러 가지 질병에 걸릴 수도 있습니다. 여성들의 존엄을 위해 하루라도 빨리 화장실을 정비해야 하지 않겠습니까?"

2014년에 인도의 나렌드라 모디 총리가 독립기념일 연설에서 한 말이다. 모리 총리가 중요한 국가적 행사인 독립기념일 기념식에서 공개적으로 화장실 이야기를 꺼낼 만큼, 인도는 화장실 문제가 심각하다. 인도 사람들은 전통적으로 집 안에 똥, 오줌을 누는 공간을 두는 것은 있을 수 없는 일로 여기는 힌두교 문화를 따라서 집 안에 화장실을 두지 않고 살았다. 그렇다면 공용 화장실을 써온 걸까? 그것도 아니다. 집밖으로 나가 덤불숲이든 들판이든 골목이든 적당한 장소를 찾아 볼일을 보았다. 그나마 도시에는 화장실이 많이 지어졌지만, 농촌에서는 지금도 절반가량의 주민이 야외에서 볼일을 본다.

우리 사회에서는 대부분의 사람들이 깨끗한 수세식 화장실에서 일상적으로 볼일을 보지만, 인도뿐 아니라 지구상에는 이런 변기를 한 번도 본 적 없는 사람들이 부지기수다. 땅에 구덩이를 파고 나뭇가지나 돌, 짚으로 엉성하게 벽을 둘러 만든 공간에서 볼일을 보거나, 아예 그조차도 없어 집 근처 호수나 강에서 일상적으로 볼일을 본다. 세계 곳곳에서는 지금 이 순간에도 병균에 오염된 물 때문에 수많은 어린이들이 병을 앓다 숨을 거둔다.

지구촌 구석구석까지 수세식 화장실이 보급되면 이런 문제들이 말끔히 해결되지 않겠냐고? 선진국의 과학자들이 머리를 모으면 지구촌 구석구석에서 고통받는 사람들을 빠짐없이 구해낼 해결책이 탄생할 테니 걱정할 필요 없다고?

문제는 그렇게 간단하지 않다. 수세식 화장실 역시 많은 문제를 안고 있다. 화장실은 단순히 인간이 똥, 오줌을 싸는 공간이 아니다. 화장실은 인간의 삶뿐 아니라 지구 생태계와 깊이 연결되어 있다.

우리는 늘 음식에 관심이 많다. 우리는 음식을 먹을 때 건강에 좋은 음식인지, 비만을 부르는 고열량 음식인지. 어느 나라 산 식재료를 썼는지, 친환경 인증을 받은 식재료를 썼는지, 농약이나 방부제가 든 재료를 썼는지, 동물성 지방을 썼는지 식물성 지방을 썼는지, 해산물이 들었는지 육류가 들었는지까지, 잠깐 사이에도 머릿속에서 기나긴 점검 항목을 신속하게 점검한다. 우리 몸은 소중하고, 음식은 중요하다. 음식은 우리 몸 밖 지구 생태계와 우리 몸을 이어주는 매개물이다. 그래서 우리는 음식을 열심히 챙긴다.

반면에 우리는 화장실에 대한 관심은 거의 없다. 깨끗한가? 냄새가 나나? 변이 말끔히 씻겨내려가나? 이 정도만 충족하면 무조건 고민 끝이다.

하지만 이제는 깨끗한 수세식 변기에 앉을 때마다 걱정을 끝낼 것이 아니라 고민을 시작해 보자. 화장실 안 깨끗한 변기에만 꽂혀 있던 우리 눈을 화장실 밖으로 돌려보자. 우리가 누는 오줌과 똥 역시 우리 몸과 우리 몸 밖 지구 생태계를 이어주는 매개물이다. 지구는 소중하고, 화장실은 중요하다.

자, 이제 궁금증을 품고 화장실 이야기로 들어가 보자.

차례

3장 가난한 사람들을 위한 적정 기술

4장 지속가능한 화장실을 찾아서

인도에서 온 편지

안녕, 내 이름은 쿠마리, 인도의 작은 농촌 마을에 살아. 나이는 열세 살이야. 나는 늘 학교에 가는 게 괴로워. 공부하기가 싫어서 그런 게 아니야. 화장실이 없는 학교에 다니는 게 나는 너무 싫어. 물론 우리 집에도 화장실이 없어. 그래도 집에서 볼일을 보고 싶을 때는 언니나 동생과 함께 밖에 나가니까 그나마 괜찮아. 사람 눈에 잘 뜨이지 않은 곳을 찾아 서로 지켜봐주면서 번갈아 볼일을 봐.

남자 아이들은 대부분 학교 마당 근처에서 아무렇지도 않게 볼일을 봐. 하지만 여자 아이들은 아무리 급해도 그럴 수 없지. 학교 마당 가까이서 볼일을 보는 건 절대로 안 돼. 좀 더 먼 곳, 사람 눈에 뜨이지 않는 곳으로 가야 해. 더 짜증나는 건 짓궂은 남자아이들이 볼일을 보러 가는 여자아이들을 따라와 놀려대는 일이야. 그럴 때는 남자아이들이 따라오는 걸 포기할 때까지 한참을 걸어가야 해. 그러다보면 수업이 시작하기 전까지 돌아올 수 없을 때도 있어. 어떨 때는 짜증이 나서 학교로 가지 않고 그냥 집으로 가기도 하지.

설상가상으로 나는 몇 달 전에 초경을 했어. 아, 이건 정말 어쩔 수가 없어. 생리가 끝날 때까지 학교를 가는 걸 포기할 수밖에. 요즘 우리 반에는 초경을 맞은 뒤로 학교에 나오지 않는 여자아이들이 여럿 있어. 그 친구들은 앞으로도 영영 학교에 나오지 않을지도 몰라.

우리 학교에는 여자 선생님이 한 분도 계시지 않아. 아마 화장실이 없어서 그럴 거야. 선생님도 사람인 이상 볼일을 봐야 할 텐데 화장실 없는 학교에 오고 싶을 턱이 없지. 난 학교에도 집에도 깨끗한 화장실이 있었으면 좋겠어. 그럼 아무 걱정 없이 공부할 수 있을 텐데.

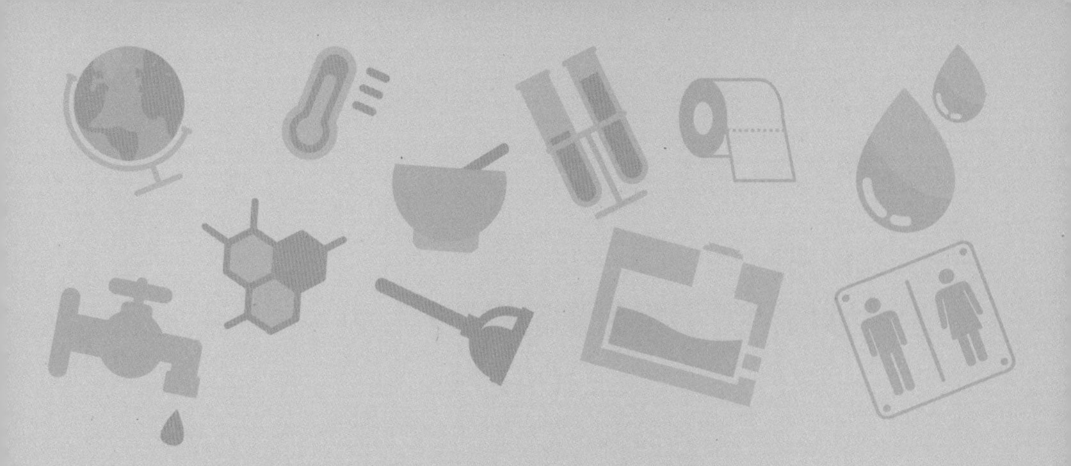

1장

빌 게이츠의 고민, 화장실

빌 게이츠는 왜 화장실 때문에 고민에 빠졌을까?

● 마이크로소프트사를 창업해서 세계적인 부자가 된 빌 게이츠는 화장실 문제로 골머리를 앓았던 적이 있다. 빌 게이츠가 화장실 문제로 고민이었다니 무엇 때문이었을까? 너무 바빠서 화장실 갈 시간이 없어서? 아니다. 빌 게이츠의 화장실 고민은 자기의 문제가 아니라 화장실이 없는 어려운 나라 사람들의 문제였다.

그렇다면 빌 게이츠가 그 문제를 고민한 이유는 무엇일까? 잘 알려진 사실이기도 하지만 빌 게이츠는 현재 마이크로소프트사를 경영하고 있지 않다. 2008년 MS사의 경영에서 완전히 손을 떼고 아내인 멜린다 게이츠 여사와 함께 자선 재단인 '빌 앤 멜린다 게이츠 재단'을 만들어 지구촌의 어려움을 겪고 있는 많은 이들을 위해서 일하고 있다. 특히 가난한 사람들의 생활과 건강 문제를 개선하는 걸 돕겠다고 나서고 있다. 이 일을 시작한 뒤로 빌 게이츠는 지구촌에서 많은 사람들을 고통으로 몰아넣고 있는 화장실 문제에 꽂혔다.

> 인간의 생명을 구하는 수많은 발명들이 개발도상국 사람들 곁에는 아예 다가가지 못하고 있다. 아니, 애초에 개발도상국 가난한 사람들의 상황을 염두에 두지 않고 개발되었기 때문에 그들에겐 아무 소용이 없는 발명들도 많다. 지금 우리가 쓰는 수세식 화장실은 2백 년 전에 개발된 것이지만, 이런 화장실은 하수도 시설 등의 기간시설이 갖춰져 있지 않은 세계 대부분의 지역들에는 보급될 수 없다는 한계를 안고 있다. 결국 그런 지역들에서는 야외 배변을 비롯한 여러 가지 문제가 나타난다. 해마다 무려 150만 명의 아이들이 오염된 음식과 물 때문에 병에 걸려 목숨을 잃을 정도로 심각한 상황이다. 따라서 우리는 이들 가난한 사람들이 과학 발전의 1순위 수혜자가 되게 할 방안을 하나라도 더 찾아내야 한다.
>
> — 2013년 4월, 빌 게이츠 www.gatesnotes.com

가난한 나라의 화장실 문제는 얼마나 심각한 걸까?

우리나라를 비롯한 제법 잘 사는 나라들에는 깨끗하고 안전한 수세식 변기가 보급되어 있다. 집이나 일터는 물론이고, 공원이나 광장 등 거의 모든 공중시설에도 깨끗한 화장실이 마련되어 있다. 혹시 일어날지 모를 비상 상황에 대비해 화장실 안에 비상호출 설비를 두거나 범죄를 막기 위해 공공 화장실 주변에 CCTV가 설치되어 있는 경우도 많다. 뿐만 아니라 화장실에서 볼일을 보면 자동으로 건강 상태를 체크해주는 기술이 발전하고 있다.

이렇듯 지구촌의 한편에는 최첨단의 깨끗하고 위생적인 화장실이 마련되

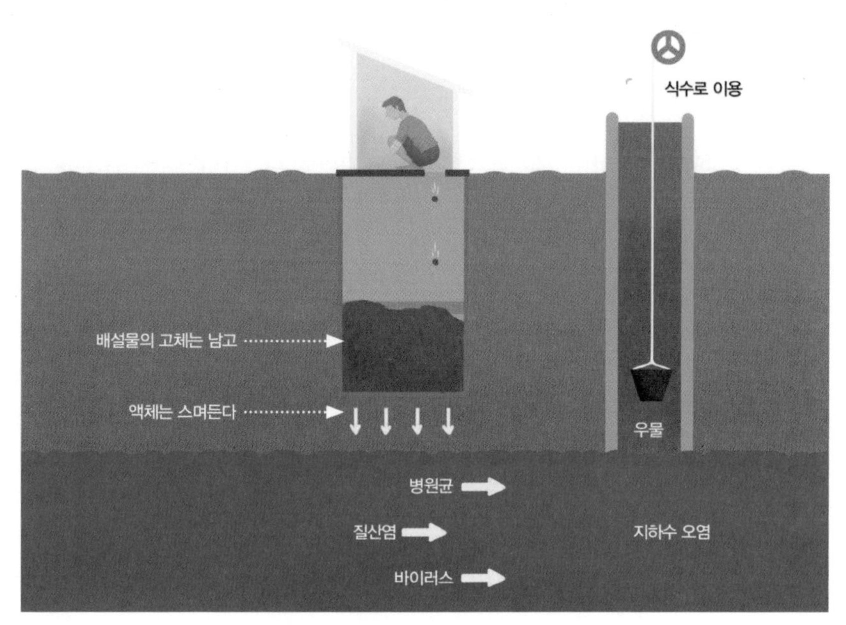

▲ 배설물 속 병원균이 우물물로 이동하는 경로

어 있는 반면 지구촌의 다른 한편에서는 많은 인구가 아예 화장실 자체가 없어서 일상적인 배설 활동을 야외에서 해야 하는 것이 현재 지구촌의 현실이다.

지구촌, 사람도 각양각색 볼일도 각양각색

그렇다면 얼마나 많은 사람들이 화장실 문제로 고통받고 있는 것일까? 도대체 화장실 때문에 어떤 고통을 겪고 있기에 빌 게이츠가 화장실 문제로 고민을 했던 것일까?

세계보건기구에 따르면 2020년 기준 세계 인구 78억 명 가운데

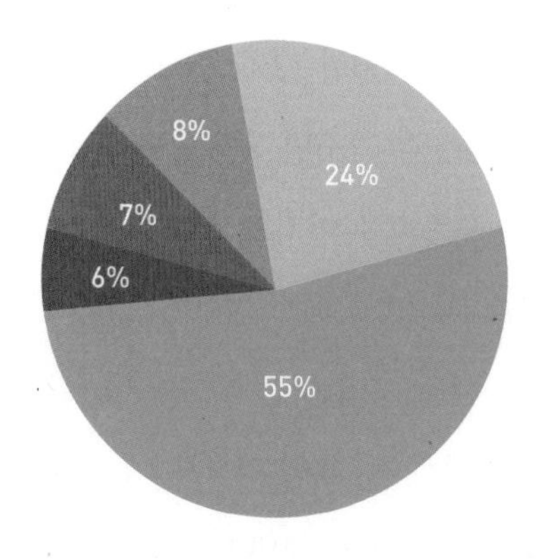

- **55퍼센트** – 42억 명이 안전하게 관리되는 화장실을 이용한다.
- **24퍼센트** – 19억 명이 개선된 화장실을 이용한다.
- **7퍼센트** – 5억 8천만 명이 개선되지 않은 화장실을 이용한다.
- **8퍼센트** – 6억 1600만 명이 야외에서 볼일을 본다.
- **6퍼센트** – 4억 9400만 명이 제한된 화장실을 이용한다.

- **안전하게 관리되는 화장실** 분뇨를 안전한 처리 및 폐기 과정으로 투입시키는 위생적인 화장실. 단, 가족이 자유롭게 이용할 수 있는 가구별 화장실 외에 공용 화장실은 제외한다.
- **개선된 화장실** 분뇨를 위생적으로 분리하긴 하지만, 분리된 분뇨를 처리하지 않은 채 강물로 흘려보내거나 주변 환경에 내버려 질병 확산의 위험이 큰 화장실. 단, 가족이 자유롭게 이용할 수 있는 가구별 화장실 외에 공용 화장실은 제외한다.
- **제한된 화장실** 분뇨를 위생적으로 분리하긴 하지만 가구별 화장실이 아니라 여러 세대가 함께 써야 하는 공용 화장실. 여러 명이 함께 사용하기 때문에 쓰고 싶을 때 안심하고 쓸 수 없다는 점에서 화장실 사용에 제약이 있다.
- **개선되지 않은 화장실** 분뇨를 위생적으로 분리하지 못하는 화장실. 발판이나 뚜껑이 없는 구덩이 화장실이나 하수도나 정화조에 연결되지 않은 수세식 변기를 포함한다.
- **야외배변** 화장실을 쓰지 않고 인적이 드문 들판이나 숲, 강이나 연못, 철로변, 후미진 골목 등에서 볼일을 보는 경우를 포함한다.

지구촌에서 개선된 화장실을 이용하는 인구는 1990년 54퍼센트에서 2020년 78퍼센트로 늘었다. 야외 배변 인구 비율 역시 2000년 12억 2900만 명에서 2020년 4억 9400만 명으로 꾸준히 줄고 있다. 각 가구별 혹은 공동체 차원에서 깨끗한 화장실을 마련하려는 노력이 꾸준히 이어지고 국제 사회의 체계적인 지원까지 더해진 결과다. 그런데 오히려 야외 배변 인구가 늘어나는 지역도 있다. 인구가 급속히 증가하면서 사하라 사막 이남 아프리카에서는 야외 배변 인구가 2000년 기준 4억 9천만 명에서 2022년 7억 3천7백만 명으로 늘었고, (호주와 뉴질렌드를 제외한)오세아니아에서도 6백만 명에서 8백만 명으로 늘었다. 야외배변을 하는 10명 중 9명이 중앙아시아, 남아시아, 동아시아, 동남아시아, 사하라 사막 이남 아프리카 지역에 산다.

우리도 간혹 화장실이 없는 산에서 급하게 볼일을 봐야 하는 경우가 있긴 하다. 이런 경우 어쩔 수 없이 노상방뇨를 하게 된다. 하지만 이런 상황이 일상적인 것은 아니다. 너른 아프리카 초원을 떠올려보면 야외에서 볼일을 보는 것이 무슨 큰일이겠나 싶을 수도 있다. 그렇지만 우리의 생각과는 달리 실제로 화장실이 없으면 심각한 문제가 발생한다. 제대로 된 화장실이 없이 살아야 하는 사람들은 어떤 어려움을 겪게 될까? 위생의 문제로 인한 건강의 문제는 물론이요, 생활의 모든 측면에서 어려움에 직면할 수 있다.

잠깐 살펴보자. 우선 분뇨를 깨끗하고 안전하게 처리하지 않은 채 아무 곳에나 버려두면 분뇨는 지하수나 강, 호수 등으로 스며들어 물을 오염시킨다. 우리는 오염된 물이라도 정화시켜서 깨끗한 물로 만들어 먹지만 가난한 지역에는 오염된 물을 정화할 수 있는 수처리 시설과 상수도망이 마련되어 있지 않다. 이런 열악한 환경에서는 많은 시간과 노력을 들이거나 비싼 값을 치러야만 깨끗한 물을 구할 수 있다. 아무데나 방치되거나 제대로 처리되지 않은 분뇨는 병균이 번식하는 온상이 된다. 분뇨는 물을 오염시키고 오염된 물을 섭취한 사람은 병에 걸릴 가능성이 높다.

화장실이 없으면 어떤 어려움이 있을까?

● 화장실이 아예 없거나 아니면 제대로 관리되지 않거나, 깨끗한 물을 구하기 어려워 오염된 물을 먹을 수밖에 없는 곳에서는 배설물에 섞인 각종 세균이 사람의 손이나 먹는 물, 음식, 파리 등의 매개물을 통해 쉽게 다른 사람에게 옮겨간다. 콜레라, 이질, A형 간염, 티푸스, 소아마비 등은 물水이 원인因이 되어 퍼져나간다고 해서 수인성 전염병이라고 부른다. 오염된 물을 많은 사람들이 함께 사용하는 경우 수인성 전염병의 감염자는 폭발적으로 늘어날 수 있다.

▲ 설사로 사망하는 5세 이전 어린이 수
2019년 전세계 5세 미만 아동 사망의 약 9%를 차지한다.

수인성 전염병은 흔히 복통, 설사, 구토 등을 일으키는데, 특히 갓난아기부터 만 5세 이전의 어린이들이 설사를 앓을 때 적절한 의료 처치를 받지 못하면 목숨을 잃을 위험이 크다. 가난한 나라의 세 살 미만 어린이들은 한 해 평균 세 번 정도 설사병을 앓는다고 한다. 이 나이 때 어린이들이 설사병을 앓으면 성장에 필요한 영양분을 섭취할 수 없다. 설사는 영양실조의 주요 원인이 되고, 다시 영양이 부실한 어린이가 병에 걸릴 위험은 그렇지 않은 어린이보다 훨씬 높다. 되풀이해서 설사를 하는 어린이는 영양실조가 갈수록 심해

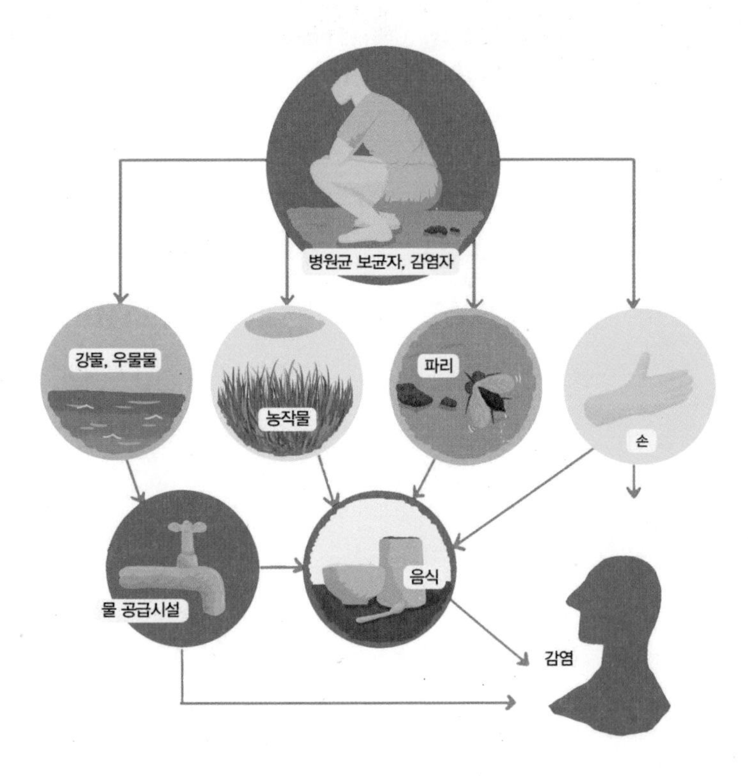

▲ 부실한 화장실과 수인성 전염병의 감염경로

▲ 물가에 세워진 화장실. 물 오염 위험이 크다

진다. 이처럼 오염된 식수는 수많은 어린이들을 병약하게 만든다.

선진국의 어린이들은 태어나면서부터 여러 가지 질병에 대한 예방접종을 받고, 병에 걸렸을 때에도 대부분 적절한 의료 처치를 받아 거뜬히 회복된다. 그러나 개발도상국의 가난한 어린이들의 대부분은 충분한 영양도 섭취하지 못하고 예방접종은커녕 병에 걸려도 치료받지 못한다.

어린이의 미래를 오염시키지 마세요

그렇다면 배설물 때문에 물이 오염되고, 오염된 물로 인해 병에 걸리고 다시 병으로 인해 병약해지는 이런 식의 문제에서 왜 벗어나지 못하는 것일까? 우리는 늘 깨끗한 물을 사용할 수 있어서 물이 얼마나 소중한지 알지 못하지만 가난한 나라의 가난한 사람들에게 깨끗한 물은 정말 귀하고 소중한 것이다. 이들이 깨끗한 물을 얻기 위해서는 시간과 노력과 돈이 필요하다.

부실한 화장실과 오염된 식수는 가난의 악순환을 끊지 못하게 하는 요인이기도 하다. 가난을 벗어나는 방법 중에서 교육이 차지하는 비중은 크다. 우리가 모든 것이 무너져버린 한국전쟁 후에 빠르게 일어설 수 있었던 이유 중에는 살기가 아무리 어려워도 자식만은 교육시키고자 했던 높은 교육열이 큰 몫을 차지한다. 그런데 오염된 물을 먹고 병을 앓거나 몸이 약해진 아이들은 아예 학교에 가지 못하거나 결석이 잦아진다. 학교에서 기본적인 보건 위생 교육과 읽고 쓰기, 셈하기 등의 기초 교육을 받지 못하면 생활을 유지할 수 있는 소득을 올릴 수 있는 기회를 얻기가 어려워진다. 소득이 없으면 가난을 벗어나기 어렵고, 도저히 벗어날 수 없는 깊고 깊은 가난의 수렁에 빠지게 된다.

세계보건기구는 환경이 어린이 건강에 미치는 영향을 다룬 보고서에 〈나의 미래를 오염시키지 마세요 Don't pollute my future.〉라는 제목을 붙였다. 지금 이 순간에도 수많은 아이들이 분뇨로 오염된 환경 때문에 꽃을 피워 보지도 못하고 숨을 거두고 있다.

세계보건기구의 2020년 보고서에 따르면, 전 세계 5세 미만 어린이 사망 원인 중 두 번째가 설사를 포함한 전염병이다.

설사 증상은 성인보다 어린이에게 훨씬 치명적인 영향을 미친다. 세계적으로 설사 때문에 숨을 거두는 5세 이전 어린이는 해마다 48만4천 명이다. 하루에 1,300명, 한 시간에 54명, 1분에 한 명이 설사 때문에 목숨을 잃는다는 이야기다. 사하라 사막 이남 아프리카에서는 훨씬 심각해서 해마다 5세 이전 어린이 29만5천 명, 1천 명 중 8명이 설사로 숨을 거둔다.

이와 비교하면, 우리나라의 경우 2021년 한 해 동안 5세 이전에 감염성 및 기생충성 질환으로 사망한 어린이와 소화계통의 질환으로 사망한 어린이는 각각 2명, 3명이다. 십만 명에 한 명꼴도 안 된다. 개발도상국 어린이들의 높은 사망률은 위생적인 환경과 의료가 보장되지 않기 때문에 일어나는 비극이다.

화장실이 없으면 신부도 없다?

● 인도는 인구가 세계에서 두 번째로 많은 인구대국이지만 화장실 문제의 대국으로 꼽히기도 한다. 과거에 비해 많이 개선되기는 했지만 인도 사람들은 여전히 10명 중 3명이 야외에서 볼일을 본다.

2017년에는 〈화장실The Toilet〉이라는 영화가 개봉되어 많은 주목을 끌기도 했다. 이 영화는 화장실 문제가 심각한 인도의 실정과 그 때문에 인도 사람들이 겪는 고통을 다루고 있다. 화장실 문제가 얼마나 심각하기에 영화로까지 다루어졌을까?

인도를 뒤흔든 영화 한 편

영화의 주인공은 갓 결혼한 부부다. 결혼식을 치르고 달콤한 신혼 생활을 꿈꾸던 첫 날밤에 아내는 느닷없이 남편을 버리고 고향으로 돌아간다. 화장실이 있는 집에서 자란 아내가 신혼살림 집에 화장실이 없다는 것을 알고 남편 집을 떠난 거다. 남편의 마을은 힌두교 전통이 강한 곳이었다. 힌두경전에는 "화장실은 집에서 멀리 떨어져 있을수록 좋다"는 가르침이 있고, 이 가르침에 따라 이 마을에는 화장실이 있는 집이 거의 없었다.

남편이 사랑하는 아내를 되찾기 위해 마을 어른들의 반대를 무릅쓰고 화장실을 만들려고 고군분투하는 장면이 영화에 나온다. 화장실 때문에 이혼을 하다니, 요즘 세상에 화장실이 없는 집도 있나? 영화를 재미있게 만들려고 별난 문제를 끌어들여 억지스럽고 황당한 이야기를 꾸며낸 거라고 여기는 사람이 있을지도 모른다. 하지만 인도의 현실은 실제로 아주 심각하다. 인도 정부가 화장실 짓기 운동을 펼치면서 '화장실이 없으면 신부도 없다No Toilet, No Bride'는 슬로건을 내걸었을 정도다.

세계보건기구 자료에 따르면, 2015년 기준 인도의 야외배변 인구는 약 69퍼센트에 달했었다. 당시 전 세계에서 화장실을 사용하지 않고 야외에서 볼일을 보는 인구가 약 9억 명이었는데, 그 가운데 60퍼센트, 5억2천3백만 명이 인도 사람이었다고 하니 그 수가 엄청났다.

2014년, 인도의 나렌드라 모디 총리는 국민들에게 야외배변 없는 인도를 만들자고 호소하며 화장실 짓기 운동을 시작했다. 2019년까지 야외배변을 완전히 없애는 게 이 운동의 목표였다. 인도 정부는 국제적인 지원까지 얻으면서 화장실 짓기 운동을 열심히 벌였고, 그 덕분에 인도에는 지금까지 10억 개 이상의 개인 가정용 화장실이 건설되었다. 많은 마을에서 세대별 화장실과 공중화장실 등 주민들이 쉽게 이용할 수 있는 화장실을 충분히 만들어서 야외배변 없는 마을로 인정 받았다.

다만 이 마을들에서 야외 배변이 완전히 없어진 것은 아니다. 주민들이 전통적인 야외배변 관습을 고집하는 경우도 있다. 그리고 물을 구하기 어려운 마을에 사는 주민들은 번듯한 화장실이 있어도 건기가 되면 화장실을 쓸 도리가 없다. 문제는 또 있다. 화장실에서 나오는 분뇨를 위생적으로 처리하거나 활용하는 방법이 보급되지 않아 많은 가구들이 비가 오는 틈을 타서 분뇨를 강에 흘려보내고 있다.

그럼에도 인도는 실제로 2015년 이후, 절대적인 수치로 보았을 때 야외배변 인구가 가장 많이 감소한 나라이다. 2015년부터 2020년까지 불과 5년 사이에 야외배변 인구가 14% 감소하였다. 이처럼 꾸준히 관심을 갖고 전 세계가 함께 노력한다면 화장실 문제는 충분히 개선할 수 있을 것이다.

화장실이 없으면 안전도 없다

인도 영화 〈화장실〉에서처럼 아내가 화장실이 없다고 남편 곁을 떠난 것이 지나칠까? 아니다. 아내는 생존의 위협을 느껴 도망간 거라고 봐야한다. 왜냐하면 화장실이 제대로 갖춰져 있지 않으면 병에 걸릴 위험이 높을 뿐 아니라, 인간의 존엄과 안전을 위협받는 일도 자주 일어나기 때문이다. 특히 여성과 어린아이에게는 그렇다.

인도에서는 여성과 어린아이가 이른 새벽이나 늦은 밤에 볼일을 보러 인적이 드문 곳을 가다가 성폭행을 당하거나 심지어 목숨까지 잃는 일이 적지 않

▲「화장실」 영화 포스터와 한 남자

다. 인도에서는 집에 화장실이 없는 여성들은 그렇지 않은 여성들에 비해 성폭행을 당할 위험이 두 배나 높다고 한다. 인도뿐만 아니라 여러 개발도상국들의 학교에서 특히 여학생들이 학교를 그만두는 비율이 높은데 그 이유 중에는 열악한 화장실도 한몫을 한다.

세계인권선언문에는 "모든 사람은 자기 생명을 지킬 권리, 자유를 누릴 권리, 자신의 안전을 지킬 권리가 있다. 모든 사람은 먹을거리, 입을 옷, 주택, 의료, 사회서비스 등을 포함해 가족의 건강과 행복을 보장하는 삶을 누릴 권리가 있다."는 내용이 있다.

가난한 사람들은 경제적으로 여유가 생길 때까지 깨끗하고 안전한 화장실은 잊고 살아야 하는 걸까? 개선된 화장실을 사용하지 못하는 36억의 사람들은 오늘 이 시간도 인권을 짓밟히고 목숨까지 위협받고 있다.

깨끗하고 안전한 화장실은 돈이 있어야만 누릴 수 있는 특권이 아니라, 인간이라면 누구나 마땅히 누려야 하는 인권이다. 인류는 이 수억 명의 인권을 보호하기 위해서 어떤 노력을 기울여야 할까?

가난한 나라의 화장실 문제를 해결할 방법은 무얼까?

간단해. 수세식 변기를 대량으로 만들어서 필요한 곳에 보급하는 거야. 가난한 사람들에게는 공짜로 또는 싼값에 보급하는 거지. 그 비용을 어떻게 마련하냐고? 세계 화장실 재단 같은 걸 만들어서 세계적인 모금 운동을 벌이는 거지.

최첨단 화장실을 개발하는 거야. 인체 장기에 소형 로봇을 넣어 병을 치료하고 스마트폰 하나만으로도 지구 반대쪽 사람과 화상 통화까지 할 수 있는 최첨단 과학기술의 시대잖아. 곧 최첨단 화장실이 개발될 테고, 처음에는 비쌀지 모르지만, 최첨단 화장실 가격도 점점 낮아지지 않겠어?

깨끗하고 안전한 화장실을 쓰지 못하는 사람들은 대부분 가난한 사람들이겠지. 나는 그 사람들이 가난에서 벗어날 수 있게 도와주는 게 우선이라고 생각해. 가난한 사람들도 돈이 넉넉해지면 집에 안전한 화장실을 마련할 거야.

이것들이 과연 해결책이 될 수 있을까?

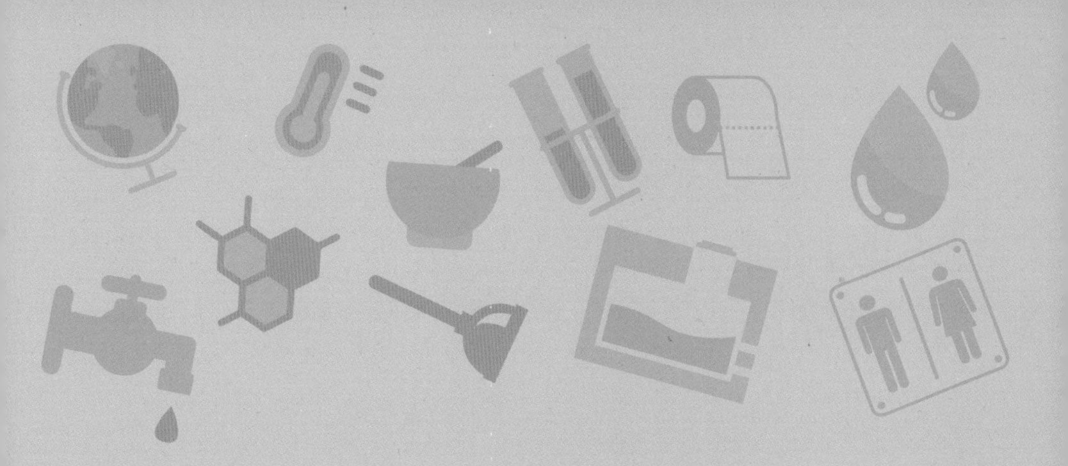

2장

수세식 화장실과 화장실 혁명

수세식 화장실이 해답일까?

● 다음 지도는 2020년 기준 세계 각 지역의 '개선된' 화장실 이용 현황을 나타낸다. 지도의 색은 개선된 화장실을 이용하는 인구 비율을 나타낸다. 유럽, 북미, 오스트레일리아, 뉴질랜드 등은 개선된 화장실이 91퍼센트에서 99퍼센트에 이른다(초록색). 남미와 아프리카 지역에는 아직 개선된 화장실이 50퍼센트 미만이다(갈색).

세계보건기구의 보고서에는 아쉽게도 수세식 화장실 통계는 나오지 않는다. 대신 '개선된 화장실' 이용현황이 나와 있다. 개선된 화장실은 인간의 배설물이 인체에 닿는 것을 방지하는 위생적인 화장실을 말한다. 하수도에 연결된 화장실(즉 수세식 화장실)뿐 아니라 정화조에 연결된 화장실, 발판이나 뚜껑이 있는 구덩이형 화장실이 여기에 포함된다. 화장실이 개선된 정도의 차이는 빈부의 차이와 관련이 있다. 국민 일인당 소득이 높은 지역은 대체로 수세식 화장실을 갖추고 있다. 반면에 국민소득이 낮은 가난한 지역은 수세식 화장실이 마련되어 있지 않다. 요컨대 소득과 화장실 사이에는 밀접한 관계가 있다.

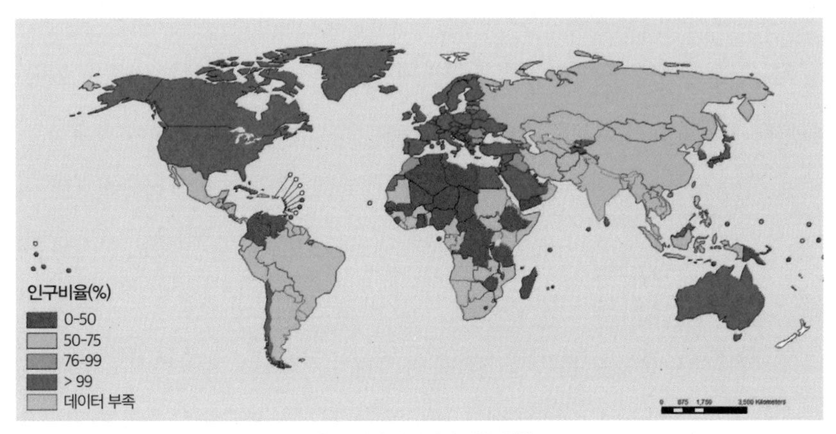

▲ 지구촌의 개선된 화장실 이용 현황(2020)

지구촌 인분 처리의 역사

인간이 생활하는 곳에서는 당연히 배설물을 포함한 여러 가지 쓰레기가 발생한다. 그 중 대부분이 유기물이다. 유기물이란 각종 탄수화물, 지방질, 단백질, 섬유소, 호르몬, 효소, 비타민 등 동물이나 식물, 미생물이 생산해낸 화합물을 말한다. 지구 생태계에 존재하는 모든 유기물은 특정한 환경과 조건 속에 놓이면 미생물과 균류에 의해 분해된다. 인간이나 다른 동물들이 먹고 남긴 동물과 식물 쓰레기, 인간을 포함한 동물과 식물의 사체를 구성하는 유기물 역시 부패를 거쳐 흙 속의 양분으로 돌아간다. 그런데 유기물이 부패하는 과정에서 파리 등의 곤충이 꼬여 병균을 옮기고 심한 악취가 발생해 인간을 괴롭힌다.

인류는 오랜 세월에 걸친 경험에 비추어 이 문제를 극복할 방법을 찾아내었다. 인류 역사 초기에는 파리가 꼬이거나 악취가 나지 않게 분뇨와 쓰레기를 땅 속에 묻거나 흐르는 물에 흘려보내거나 불에 태워 없애는 방법을 썼다. 신석기 시대부터는 인간과 가축의 배설물이 어느 정도 미생물 분해 과정을 거치면 식물 성장을 돕는 거름이 된다는 걸 터득해 식물 경작에 적극적으로 이용하기 시작했다. 우리나라, 중국, 일본, 베트남, 캄보디아 등 주로 농사로 생계를 유지했던 동아시아 지역에서는 수천 년 동안 인분을 거름으로 이용해 왔다. 도시에서 나오는 인분까지 수거해 농촌에서 거름으로 활용하기도 했다.

그러나 런던이나 파리 같이 인구 밀도가 높은 도시에서는 농작물에 거름으로 인분을 사용하는 양이 많지 않았고, 인분을 땅에 묻을 곳도 마땅치 않았다. 결국 대부분의 사람들은 집 바깥 적당한 곳에서 볼일을 보거나 배설물을 용기에 모았다가 내다버렸다. 심지어 건물 안에서 볼일을 보면 배설물이 바로 건물 밖이나 강으로 떨어지도록 고안해 놓은 돌출형 화장실까지 등장했다.

▲ 중세 유럽의 성에 튀어나와 있는 화장실

수세식 화장실은 언제부터 있었을까

소위 수세식 화장실, 즉 물로 용변을 씻어 내리는 방식의 화장실은 언제부터 사용되기 시작했을까? 지금으로부터 대략 5천 년 전에 부흥했던 인더스 문명의 유적지인 모헨조다로에서 수세식 화장실터가 발견되었다. 또한 기원전 500년경 로마 시대 유적에서도 수세식 화장실의 흔적이 발견되었다. 모헨조다로와 로마 사람들이 수세식 변기에서 볼일을 보고 물로 씻어낸 배설물은 땅 속에 묻힌 하수관이나 도랑의 물을 타고 인근의 강으로 흘러가거나 지하수로 스며들었다. 물론 그 시대에도 이런 수세식 화장실은 모든 사람들이 사용하는 일반적인 시설은 아니었다. 부유층이나 신분이 높은 사람들만이 수세식 화장실을 사용했고, 나머지 사람들은 그릇을 사용하거나 땅에 구덩이를 파서 볼일을 보았다.

◀▲ 모헨조다로 유적에서 발견된 수세식 화장실(왼쪽)과 로마 유적지에서 발견된 수세식 화장실(오른쪽)

하지만 적은 인구가 넓은 지역에 흩어져 살 때는 배설물을 어떻게 처리하든지 특별히 문제가 되지 않았다. 농경이 시작되면서 식량 생산이 늘어나고, 그에 따라 인구가 급격하게 늘어나게 되자 아무데서나 배설을 하는 것이 문제가 되기 시작했다. 사람들이 밀집해 살면서 배설물로 인해 물이 오염되고 질병이 확산되기 시작했다.

배설물을 제대로 처리하지 않아 물이 오염되면서 무서운 전염병이 발생하는 일이 빈번해졌다. 콜레라는 그 대표적인 전염병 중의 하나다. 콜레라의 역사는 오래 되었지만 19세기에는 남극대륙을 제외한 지구촌 전역을 휩쓸며 수많은 인명을 앗아갔다. 당시 세계 무역의 중심지였던 인도 콜카타 지역에서 발생한 콜레라는 근처의 영국 군인들에게 전염되었다. 이들은 주변 나라로 콜레라를 퍼뜨렸고, 이 전염병은 해상 및 육상 무역로를 통해 페르시아와 유럽, 동아시아까지 전 세계로 퍼져나갔다. 이로 인해 1백 년 사이에 무려 4천 만 명 정도가 사망한 것으로 추정된다.

가뭄과 홍수, 전쟁 등의 재난이 닥친 지역에서는 물의 오염과 기근으로 인한 영양 부실, 그리고 위생적이지 않은 환경의 문제가 겹치면서 콜레라, 장티푸스 같은 수인성 전염병이 급속도로 번지는 일이 잦았다. 우리 땅도 예외는 아니었다. 조선에서도 역병으로 수십만 명씩 죽어나간 일들이 있었다. 1807년에서 1835년까지 인구가 백만 명이 줄었는데 이도 역시 역병, 즉 전염병 때문이었다. 이 시대에는 전쟁보다도 무서운 것이 전염병이었다.

전염병으로 많은 인구가 사망하는 재앙을 겪은 영국, 프랑스 등 유럽 여러 나라들은 19세기 말부터 위생의 중요성을 깨닫게 되었다. 런던, 파리 등 도시를 중심으로 대규모 하수관 체계가 세워졌다. 하수구는 병을 옮길 가능성이 있는 분뇨를 사람들이 거주하는 공간에서 분리하여 흘려보내는 효과적인 시설이었다. 그 후 여러 도시들에서 대규모 하수도가 건설되기 시작했고 분뇨를 세척하는 것은 물론 악취까지 잡는 수세식 변기가 출현하게 되었다.

흔히 양변기라고 불리는 요즘의 수세식 변기는 1775년 수학자 알렉산더 커밍이 악취를 막기 위해 하수관과 변기 사이에 S자형 관을 넣은 장치를 고안하면서 만들어졌다. 이를 토대로 미국에서 '사이펀식' 변기가 탄생했고, 하수관이나 정화조에서 악취가 올라오는 걸 피할 수 있게 되면서 변기는 집 안으로 들어오게 되었다. 세척과 악취 제거에 효과적인 수세식 화장실, 이것을 세계 구석구석에까지 대대적으로 보급하면 화장실 문제는 해결될 수 있을까?

지구촌 리포트

사이펀의 원리

수세식 변기에는 신기한 과학 원리가 숨어 있습니다. 우리 눈에 보이진 않지만, 변기 아래쪽 물이 내려가는 배수관은 거꾸로 된 U자 모양으로 되어 있습니다. 여기에는 '사이펀siphon의 원리'가 숨어 있습니다.

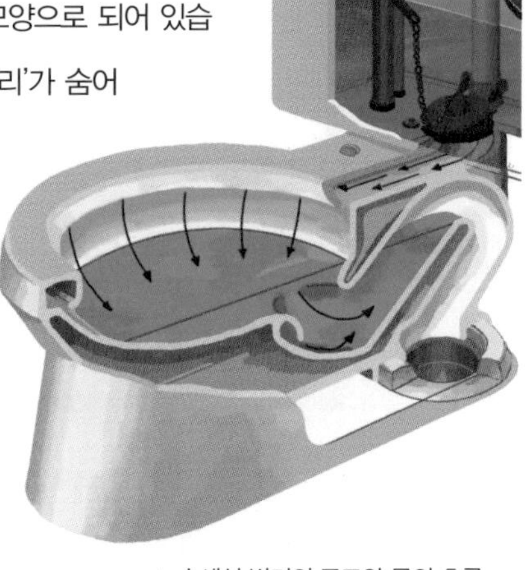

▲ 수세식 변기의 구조와 물의 흐름

'빨아올리는 관'이라는 뜻의 사이펀은 물의 높이에 따른 압력 차이로 작동합니다. 물은 중력의 원리에 따라 높은 곳에서 낮은 곳으로 흐르지만, 변기 안의 거꾸로 된 U자 모양 배수관에서는 이와는 다른 흐름이 생깁니다. 배수관의 좁은 입구로 많은 양의 물이 한꺼번에 들어오면 배수관 안이 진공 상태가 되어 압력이 높아지고 물이 서로를 끌어당기는 힘이 생기면서 물이 관의 가장 높은 곳까지 밀려 올라갑니다. 이어서 물이 배수관 윗부분의 꺾인 곳을 넘어가면 중력에 의해 아래로 떨어집니다. 사이펀 작용에 의해 물이 배수관으로 빠져나간 뒤에는 적은 양의 물이 배수관을 막아 악취가 역류하는 것을 막아줍니다.

수세식 화장실은 어떤 한계를 가지고 있을까?

● 19세기 중엽부터 대규모 하수도망이 건설되면서 널리 보급되게 된 수세식 화장실은 깨끗하고 위생적이라는 장점이 있지만, 단점도 있다. 수세식 변기는 많은 양의 물을 사용해 배설물에 의한 오염과 악취 발생을 막는다는 면에서는 유용한 발명품이지만, 태생적으로 많은 물을 소비한다는 단점을 안고 있다.

물먹는 하마, 수세식 화장실

수세식 변기를 한번 사용할 때 들어가는 물은 적게는 6리터에서 많게는 12리터다. 1회 물 사용량이 12리터인 수세식 변기를 하루에 다섯 번 사용할 때 들어가는 물은 무려 60리터. 60리터면 흔히 쓰는 500밀리리터 음료수 병으로 120병 분량이다.

그런데 우리가 수세식 변기로 무심코 흘려보내는 물은 대부분 상수도망을 통해 공급되는 수돗물이다. 수돗물은 강물이나 지하수를 정수처리시설을 거쳐서 깨끗하게 만든 물이다. 수돗물을 만들어 각 가정에 공급하는 과정에는 많은 에너지와 설치비가 들어가는 것은 말할 것도 없다.

2020년 상수도 통계에 따르면 우리나라 국민 1인당 물 사용량 가운데 가정에서 사용하는 물의 양은 하루 207리터. 이 가운데 52퍼센트가 욕실에서 사용하는 물이고 이 욕실 사용물 중 절반 이상이 수세식 변기에 사용하는 물이다. 하루 물 사용량의 약 4분의 1, 곧 50리터 넘는 물을 수세식 변기가 삼켜버린다.

물을 너무나 손쉽게 구할 수 있는 우리 사회에서는 물의 소중함을 실감하지 못하고 지나칠 때가 많다. 하지만 물은 생명을 유지하는 데 반드시 필요한 매우 소중한 자원이다. 사하라 사막 이남 아프리카 지역에 사는 사람들은 오로지 물을 구하기 위해서 날마다 4시간 넘게 걸어 다닌다. 국민 한 사람이 하루에 쓰는 물의 양을 비교해보면, 아프리카 말리 사람은 평균 8리터, 잠비아

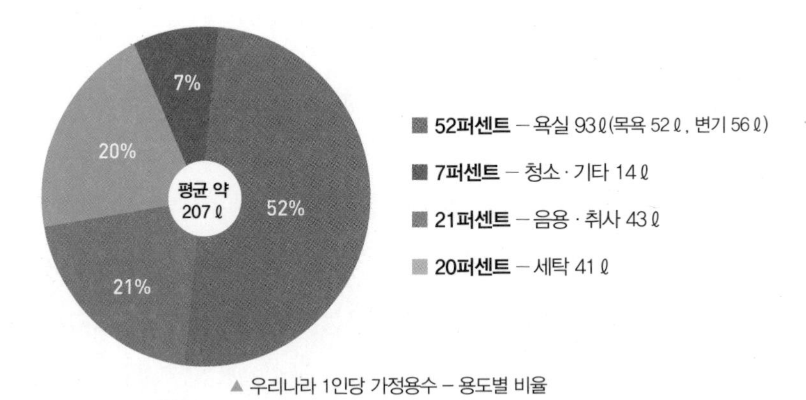

▲ 우리나라 1인당 가정용수 – 용도별 비율

사람은 4.5리터에 불과하다. 우리는 날마다 귀한 자원인 물 50리터를 수세식 변기에 쏟아버리고 있다.

엄청난 에너지의 소비창구

우리 사회에서는 수세식 변기에서 볼일을 보고 밸브를 누른 뒤 깨끗하게 손을 씻으면 '깔끔하게 뒤처리를 했다'고 생각한다. 즉석에서 배설물이 배수관으로 씻겨 내려가 우리 곁에서 확실히 자취를 감춘 것처럼 보이니 말이다. 하지만 변기 물을 내린다고 해서 배설물의 최종 처리가 완성되는 것은 아니다. 수세식 변기가 제 기능을 하려면 하수관을 통해 더러워진 물을 모아 오염을 제거한 뒤 강이나 호수로 흘려보내는 체계가 가동되어야 한다.

선진화된 하수도가 보급된 도시에서는 수세식 화장실에서 발생하는 분뇨는 다른 생활하수와 섞여 하수처리장으로 보내진다. 이곳에서 수질 기준에 맞게 처리한 후 공동 수역으로 방류한다. 하수관망에 연결되지 않은 재래식 화장실의 분뇨는 전용수거차량을 이용해 분뇨처리시설로 옮겨져 처리된다.

수세식 변기가 일반화된 지역에서는 대개 변기가 바로 하수로에 연결되거나 정화조를 거쳐서 하수로로 연결되기 때문에 분뇨가 다른 생활하수에 섞여서 하수처리장으로 운반된다. 인구가 조밀한 도시에서 많은 사람들이 배출하는 생활하수를 처리하려면 대규모 하수처리장이 필요하다.

대규모 하수처리장을 건설하기 위해서는 상당히 넓은 땅과 많은 건설비가 들어간다. 하수의 위험 요소들을 안전하게 제거하려면 비교적 넓은 공간이 확보되어야 하며, 여러 단계의 하수처리 시설을 설치해야 한다. 또한 그 시설을 가동하기 위해서는 전기와 석유 등의 많은 에너지를 공급해야 한다.

쉴 새 없이 돌아가는 하수처리장

대부분의 하수처리장들은 유입된 하수를 처리하는 '수처리 시설'과 수처리 과정에서 발생한 슬러지(하수 찌꺼기)를 처리하는 '슬러지 처리 시설'을 쉴 새 없이 가동하고 있다.

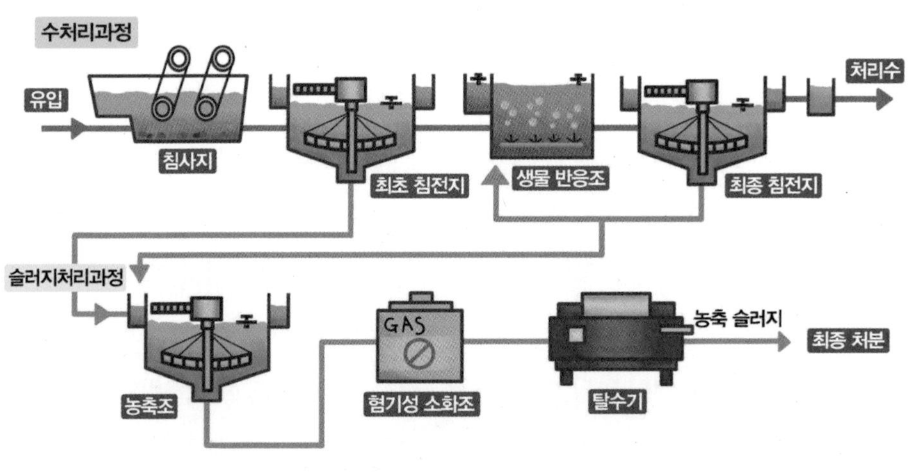

▲ 하수처리장의 구조

수처리 과정

- **침사지** 하수와 유입된 흙, 모래 등 무거운 물질을 가라앉힌다.
- **유입펌프장** 펌프를 돌려 하수를 본 처리장으로 보낸다.

- **최초침전지** 유입하수를 일정 시간 가두어 물 속의 작은 고형물질을 가라앉힌다.
- **생물반응조** 미생물들이 물속의 오염물질을 분해하는 걸 돕기 위해 산소를 공급한다. 공기를 계속 불어넣는다고 해서 포기조라고도 한다. 하수처리장에서 가장 중요한 역할을 하는 곳이다.
- **최종침전지** 생물반응조에서 오염물질을 제거하고 나서 마지막으로 깨끗한 물만 내보내기 위해서 미생물을 침전시킨다. 미생물 덩어리는 남기고 위에 뜬 깨끗한 물만 하수처리장 밖으로 내보낸다.

슬러지 처리과정

- **농축조** 최초침전지와 최종침전지에 남은 슬러지를 농축시켜 소화조로 보낸다.
- **혐기성 소화조** 산소가 없는 상태를 좋아하는 미생물을 이용해 유기물을 분해하여 슬러지의 양을 줄이고 병원균을 죽이고 악취를 뿜는 메탄가스를 따로 모은다.
- **탈수기** 슬러지의 물기를 짜내 부피를 줄인 뒤 운반하기 좋은 형태로 만든다.

하수처리 과정을 거친 후에는 많은 양의 물(처리수)과 하수 슬러지가 나온다. 이 물과 하수 슬러지는 별도의 과정을 거치지 않고서는 바로 이용할 수 없다. 수질기준을 충족하는 수준으로 처리한다고 해도 처리수에는 다양한 수질 오염 물질이 여전히 남아 있어 그대로 방류하면 강을 오염시키기 때문이다. 처리수를 식수 수준으로 만들려면 별도의 정수 시설을 가동해야 한다.

하수처리장에서 나온 엄청난 양의 슬러지 역시 골칫거리다. 얼마 전까지만 해도 거의 모든 나라에서 이 슬러지를 배에 실어 깊은 바다에 쏟아부었다. 하지만 2012년 하수슬러지의 해양 투기를 금지하는 국제협약이 만들어진 뒤로는 대부분 땅에 파묻는다. 하수 슬러지를 재활용하려면 또 다른 시설을 만들고 많은 에너지를 들여 가동해야 한다.

또 하수처리과정에서 악취가 심한 메탄가스가 대량으로 발생한다. 메탄가스를 대기 중에 그냥 방출하면 강력한 온실효과를 내기 때문에 이 역시 또 다른 처리 시설을 만들어 처리해야 한다.

이처럼 하수처리장에서 많은 에너지가 들어갈 뿐 아니라, 하수처리장을 거쳐 나온 부산물들을 그대로 생태계로 내보내면 생태계가 오염되기 때문에 또 다시 많은 에너지를 들여 다시 처리해야 한다. 하수처리장은 엄청난 에너지를 먹는 하마다.

재생가능한 자원의 낭비

수세식 변기를 사용할 때 버려지는 물과 하수처리장에서 사용되는 에너지도 소중한 자원이지만, 물에 섞여 버려지는 인간의 배설물도 소중한 자원이다. 인간의 배설물에는 질소, 인, 칼륨 등의 영양성분이 들어있다. 농작물은 이런 영양성분이 있어야 자란다. 인간의 배설물을 거름으로 만들어 쓰면, 농작물 성장에 필수적인 영양성분을 공급할 수 있다. 우리는 그 농작물을 먹고 에너지를 얻어 활동한다. 그리고 소화 과정을 거치고 남은 찌꺼기를 다시 배설한다. 이 배설물은 다시 소중한 거름으로 탄생한다. 이것이 바로 자연스러

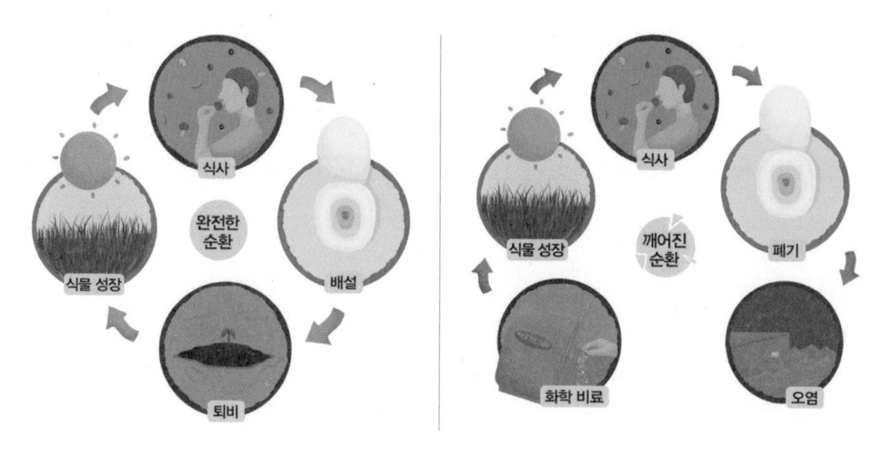

▲ 완전한 생태계 순환과 깨어진 생태계 순환

운 순환의 과정이다. 이처럼 인간은 인류 역사에서 상당히 오랜 기간 동안 음식을 소화하고 남은 배설물을 흙으로 돌려보내며 영양소가 순환할 수 있도록 일조를 해왔다.

19세기 이후 지구촌의 인구가 폭증하면서 식량 수요 또한 늘어났다. 질소, 칼륨, 인 등이 식물 성장에 필수적인 영양분이라는 게 밝혀지면서 이 성분들을 지하 매장지에서 채굴해 정제하거나 화학적으로 합성하는 기술이 개발되었다. 화학 비료는 작물 생산량을 급격히 끌어올리는 농업의 필수품으로 평가받았고 널리 보급되었다. 그리고 인분을 농업 자원으로 활용하는 사람들의 수는 급격히 줄어들게 되었다.

이처럼 수세식 변기와 화학비료를 사용하는 사람들이 많아지면서 오랜 세월 흙을 비옥하게 하는 소중한 자원으로 여겨져 왔던 분뇨가 쓸모없는 쓰레기로 취급되었다. 배설물에 포함된 영양소가 흙으로 돌아가는 생태계의 자연스런 순환 과정이 깨어지게 된 것이다.

더구나 화학비료의 원료인 칼륨과 인을 얻으려면 깊은 땅 속에 묻힌 광석을 채굴해 운반한 뒤 제련하는 과정을 거쳐야 하고, 질소를 얻으려면 고도의 화학적 공정을 거쳐야 한다. 이 과정에서도 전기 등 많은 에너지가 소모되는 것은 물론이다.

이처럼 우리는 소중한 자원인 분뇨를 쓰레기로 취급해 깨끗한 물에 섞어 버려 하수의 양을 늘리고, 그 다음 단계에서는 그 하수를 처리하느라 많은 에너지를 쓰고 있다. 또 한편으로 농작물 생산에 필요한 양분을 얻기 위해 비료를 생산하고 공급하는 일에도 많은 에너지를 쓰고 있는 것이다.

아무런 생각 없이 쓰고 있는 수세식 화장실의 이면에는 이렇듯 많은 문제들이 숨어있다. 그렇다면 이런 문제를 일으키지 않는 위생적이면서도 편리한 화장실을 만들 수는 없는 것일까?

화장실 혁명의 선두주자를 공모합니다

● 빌 게이츠는 기본적인 화장실조차 쓰지 못하는 사람들, 한나절을 걸어가야 간신히 마실 물을 구하는 사람들을 돕기 위해 〈물, 위생, 보건 프로그램〉을 시작했다. 2011년 시작한 이 프로그램에는 1조 원 가량의 돈이 투자되었다. 이 프로그램은 안전하고 편리한 화장실을 이용하지 못하는 수억 명의 이웃을 위한 지속가능한 해결책을 찾고자 〈혁신적인 화장실 공모전〉을 열었다.

게이츠 재단이 제시한 혁신적인 화장실의 최소 기준은 다음과 같다.

1. 인간 배설물의 세균 · 미생물을 제거하고 에너지, 깨끗한 물, 영양소 등 귀중한 자원을 회수하는 화장실.
2. 상하수 배관망이나 전력망이 없이도 작동하는 화장실
3. 한 사람이 하루 사용할 때 드는 비용이 5센트(50원) 이하인 화장실

4. 가난한 지역에서 지속할 가능성이 있고 경제적으로 수익성이 있는 위생 서비스 및 사업으로 성장할 수 있는 화장실
5. 개발도상국뿐 아니라 선진국에서도 누구나 사용하고 싶어 하는 차세대 화장실

혁신적인 화장실의 첫 번째 조건은 분뇨에 포함된 세균을 제거하는 것이다. 야외에서 볼일을 보거나 부실한 화장실을 사용하는 곳은 대체로 가난한 나라이며, 특히 가난한 나라의 촌락지역이다. 이들 지역이 바로 수인성 전염병이 발생하고 그로 인해 많은 사람들이 죽고 가난이 악순환되는 곳이다. 그러니 인간 배설물에서 세균이 퍼져나가지 않도록 하고, 나아가 물, 에너지 등 자원을 회수하는 기술이 혁신 화장실의 가장 중요한 조건이다.

또한 부유한 나라의 대도시에서는 오래 전부터 대규모의 상수도와 하수도 배관망이나 전력망을 이용해 배설물을 안전하게 처리하고 있다. 하지만 가난한 개발도상국들에서는 이런 배관망이나 전력망을 설치할 여력이 없다. 이런 지역들에 사는 사람들은 가난해서 화장실을 개선하는 데에 큰 돈을 쓸 수가 없다. 따라서 설치하고 유지하는 비용이 많이 드는 화장실 기술은 안 된다는 것이 혁신 화장실의 두 번째 조건이다.

세 번째 조건은 가난한 사람들이 화장실을 사용하는 데 드는 비용을 최소한으로 해야 한다는 것이다. 사용 비용이 높으면 화장실을 만들어 놓는다고 해도 사용할 수 없기 때문이다.

네 번째 조건은 개선된 화장실이 부족한 개발도상국에서 개선된 화장실의 보급과 관련한 산업을 일으키고 일자리와 수익을 제공해서 결국 개발도상국의 가난한 사람들의 생계에 도움이 되도록 하자는 것이다.

다섯 번째 조건은 선진국 사람들이 일반적으로 사용하는 수세식 변기와 하수처리장은 막대한 자원을 낭비하고 있으니 이런 낭비가 없는 효율적인 화장실로 이를 대체하기 위한 조건이다. 결국 이 기준은 수세식 변기와 하수처리 방식의 문제점이 있다는 것을 인정하고 이를 대체할 화장실 기술을 개발하자는 것이다.

여러 나라에서 많은 과학기술자들이 게이츠 재단의 뜻에 공감하여 혁신적인 화장실 연구개발에 참여했다. 그리고 마침내 2012년에 〈화장실 재발명 공모전〉이 열렸다. 공모전에서는 다양한 화장실 기술이 공개되었다. 그 후 게이츠 재단은 이 기술들을 토대로 개발도상국에 실제로 보급할 수 있는 제품을 만들어 시범 운용하는 활동을 진행해 오고 있다. 그 중 대표적인 것이 옴니프로세서이다.

똥에서 식수와 에너지, 비료를 뽑아내는 옴니프로세서

2014년 어느 날 '게이츠가 똥을 원료로 만든 물을 마셨다'라는 제목의 영상이 사람들의 주목을 받았다. 심지어 '게이츠가 똥물을 마셨다'라는 표현까지 등장했다. 물론 그가 진짜 똥물을 마신 건 아니었다. 이 영상에는 빌 게이츠가 옴니프로세서라는 기계에서 처리되어 나온 물 마신 뒤, "맛이 좋다.

▲ 빌 게이츠가 옴니프로세서에서 나온 물을 마시는 모습

매일 이 물을 마셔도 좋을 것 같다. 안전한 물이다."라고 말하는 장면이 들어있다.

옴니프로세서는 분뇨를 처리하는 설비이다. 사람 똥을 5분 만에 처리해서 식수로 써도 될 만큼 깨끗한 물을 만들어낼 수 있는 눈이 번쩍 뜨일 만큼 신기한 기계이기도 하다. 게다가 이 기계는 외부에서 에너지를 공급받지 않고도 돌아간다. 한마디로 똥을 처리해 깨끗한 물도 만들고 에너지까지 자급하는 놀라운 기계다.

옴니프로세서는 영어로 omniprocessor이다. 옴니라는 말은 '모든', '전권을 가진'이라는 뜻이고 프로세서는 '처리기'라는 말이니, 옴니프로세서는 '모든 것을 처리하는 기계'라는 의미를 담고 있다. 옴니프로세서는 일반적인 하수처리장의 기능을 대체할 수 있다. 옴니프로세서는 인분을 처리해 자원을 뽑아내고 그것을 이용해 에너지를 만들도록 설계되어 있기 때문에 전기와 같은 다른 에너지를 밖에서 끌어올 필요가 없다.

또한 옴니프로세서는 기존의 하수 처리 시설보다 빠른 시간 안에 분뇨를 처리할 수 있다. 뿐만 아니라 처리과정에서 양질의 영양 성분이 들어 있어 비료로 쓸 수 있는 재와 전기 에너지, 그리고 식수로 쓸 수 있을 만큼 깨끗한 물도 얻을 수 있다. 일반 하수처리장과는 달리 강력한 온실효과를 내는 메탄가스가 발생하지 않고 하수 슬러지를 별도의 매립지로 옮기는 운송 과정이 필요치 않아 에너지가 절약되는 등의 장점이 있다.

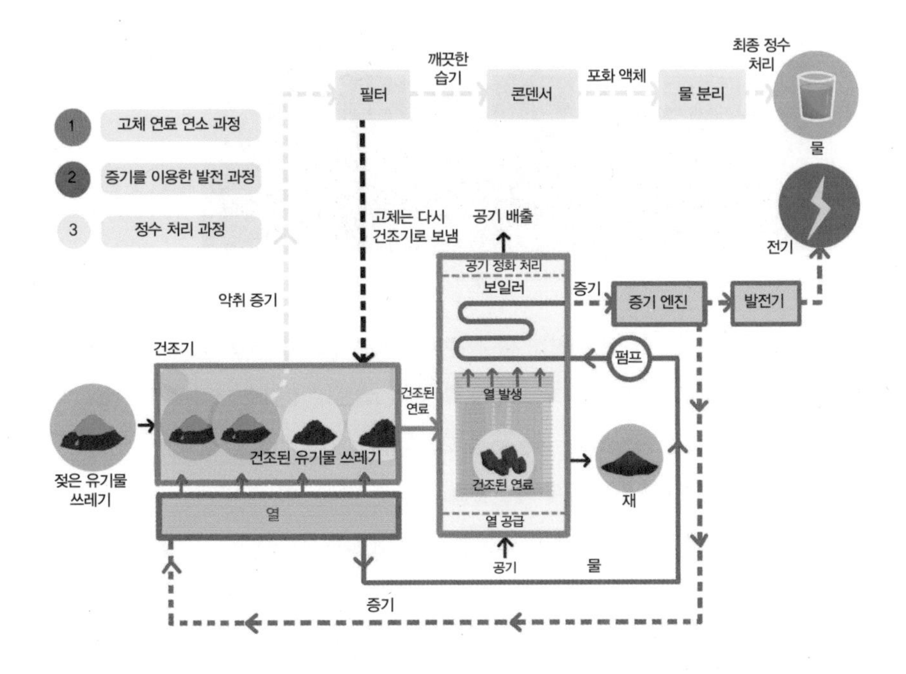

옴니프로세서의 작동단계

❶에서는 건조기를 이용해 분뇨를 건조시켜 증기와 고형물로 분리하고 보일러를 이용해 고형물을 높은 온도로 태워 재로 만든다.

❷에서는 보일러에서 발생한 증기의 힘을 이용해 전기를 만든다.

❸에서는 증기를 여과, 응축, 증류시켜 깨끗한 물로 바꾼다.

지구촌 리포트

▲ 다카르에서 가동 중인 옴니프로세서

옴니프로세서를 개발한 회사는 재니키바이오에너지입니다. 게이츠 재단의 화장실 재발명 지원 활동에 자극받은 몇몇 과학기술자들이 하수 처리 및 폐기물 에너지화 기술을 개발하자는 데 뜻을 모아 세운 회사입니다. 이 회사는 2013년에 옴니프로세서 첫 모델을 개발했습니다. 이 설비는 2015년부터 세네갈의 수도 다카르에서 운영되면서 많은 인분을 처리해 물과 에너지, 비료를 생산하고 있지요.

다카르의 설비는 짧은 시간만 가동하고도 인근 지역에서 모아온 인분을 전부 처리해 내는데, 운영 및 관리는 세네갈 사람들이 맡고 있고 필요할 때에만 미국 회사의 지원을 받습니다. 재니키바이오에너지는 다카르의 다른 지역들, 더 나아가 다른 개발도상국들에도 이 설비를 유치, 운영하여 인분의 자원화에 따른 수익으로 주민들의 삶이 풍족해지기를 기대하고 있습니다. 또한 처리 능력을 두 배로 향상시킨 모델을 이미 개발했고, 계속해서 대도시에서부터 가정용 모델까지 다양한 조건에 맞춘 설비를 개발할 예정입니다. 이 기술은 사람의 분뇨는 물론 가축 분뇨까지 처리할 수 있기 때문에 축산 분야에서도 널리 확산될 것으로 보입니다.

이제 화장실 혁명은 완성된 걸까?

● 게이츠 재단을 비롯한 많은 과학기술자들의 노력 덕분에 분뇨를 5분 만에 처리해 깨끗한 물과 전기, 그리고 비료까지 만드는 옴니프로세서가 탄생했다. 그러면 이제 화장실 문제는 다 해결된 것일까? 가난한 나라에서 수십만 어린이들이 분뇨에 오염된 물 때문에 죽는 일은 끝난 걸까? 말 그대로 화장실 혁명은 성공한 걸까?

2015년부터 세네갈 수도 다카르에는 옴니프로세서 1호가 시범 설치되어 가동되고 있다. 하지만 옴니프로세서 2호, 3호가 잇달아 들어서고 있다는 소식은 아직 들리지 않는다. 가난한 나라들이라 값비싼 옴니프로세서를 사들일 여력이 없을 수도 있다. 또한 다른 문제가 있을 수도 있다. 요컨대 옴니프로세서는 집중형 하수처리시설이어서 하루에 10만 명분의 분뇨를 처리하는 기능이 있다. 하지만 분뇨를 모아 이 시설이 있는 곳으로 운반해올 방법이 없다면 이 기능은 무용지물이 되어버린다.

개발도상국의 도시빈민지역이나 멀리 흩어져 있는 농촌 지역에는 분뇨를 운반할 하수도나 도로, 교통편이 정비되어 있지 않다. 아직도 많은 사람들이 야외에서 볼일을 보거나 재래식 화장실이 가득 차면 분뇨를 퍼내 강물에 내다버리고 있는 실정이다. 그런 사람들에게 옴니프로세서는 아직 먼 미래의 이야기일 수도 있다. 옴니프로세서 같은 최첨단 기술을 개발하는 건 중요한 일이지만 그것만으로 화장실 문제를 해결할 수는 없다. 결국 필요한 것은 가난한 사람들이 적절한 비용을 들여 지속적으로 사용할 수 있는 기술을 개발하는 것이다.

기술에서 소외된 사람들

과학기술은 사람들이 꿈꾸던 것을 실현시켜주는 꿈의 도구다. 철도와 고속도로, 자동차, 비행기는 먼 곳을 빨리 갈 수 있도록 해주었고, 전화와 무전기, 휴대전화는 먼 곳에 있는 사람과 이야기를 나눌 수 있는 놀라운 꿈을 실현시켜 주었다. 이 모든 것들은 그 이전에는 상상조차 할 수 없었던 놀라운 기술의 발명품들이다.

사람들은 새로운 기술을 개발하기 위해 돈이나 시간, 노력을 투자한다. 새로운 기술을 개발하는 이유는 다양하지만 요즘에는 상상하던 꿈을 실현하려는 진취적인 태도보다는 대체로 큰돈을 벌 수 있으리라는 기대감에서 기술 개발에 힘을 쏟는 경우가 많다. 그러나 새로운 기술을 개발하더라도 그것으로 얻는 수익은 오래가지 않는다. 유사한 기술이 바로 개발되기 때문이다.

새로운 기술을 특허로 보호해 주는 것도 기간이 정해져있다. 이럴 경우 기업들은 어떻게 할까? 새로운 제품을 계속 만들어내는 전략을 쓴다. 고객들은 아직 한참 더 쓸 수 있는 제품을 가지고 있는데도 새로운 기능이 더해진 새 제품을 사고 싶은 유혹에 빠져든다.

예를 들어, 가정용 정수기가 처음 나왔을 때는 물을 정화하는 핵심 기능만 있었다. 그러다 차츰 여러 기능이 추가되어 이제는 온수와 냉수가 따로 나오는 정수기, 얼음이 나오는 정수기, 심지어 원두커피가 나오는 정수기까지 개발되었다. 게다가 광고까지 소비자를 유혹하는 데 한 몫을 한다. 이처럼 선진 공업국에서는 부유한 사람들의 주머니를 열 수 있는 기술을 개발하는 데 많은 인력과 비용이 투입되고 있다.

하지만 지구상에는 인간의 생활을 편리하게 해주는 고급 기술은커녕 간단한 기술조차 이용하지 못하는 사람들이 수억 명이다. 이들은 고약한 냄새가 나고 파리가 들끓는 구덩이에 볼일을 보거나, 깨끗한 물을 구할 수 없어 오염된 강물을 마시거나, 농사에 쓸 물을 구하지 못해 농사를 포기하거나, 어린 자식을 학교에 보내는 대신에 반나절 거리의 길을 걸어가 물을 구해오라고 등을 떠밀어 보내야만 한다.

이 많은 사람들의 최소한의 필요를 채워줄 기술은 무엇일까? 어떻게 해야 그런 기술을 개발하고 나눌 수 있을까? 진지하게 이런 고민을 하며 해법을 모색하고 실행에 옮겨온 사람들의 이야기를 해보자.

가장 좋은 원조는 물질의 원조가 아니라 지식의 원조, 즉 올바른 지식을 주는 것이다. 아무런 노력이나 희생을 하지 않고도 물질을 얻은 사람은 운이 좋아 복권에 당첨되었다고 여기고 다시 요행수를 바라기 쉽다. 하지만 지식은 노력을 기울이지 않고는 얻을 수 없고, 물질과는 달리 좀먹거나 녹슬어 못 쓰게 되는 일도 없다. 한 마디로 물고기를 주지 말고 물고기 잡는 법을, 낚싯대를 주지 말고 낚싯대 만드는 법을 가르쳐야 한다, 물질의 원조는 받는 사람을 의존적인 존재로 만들지만 올바른 지식을 원조하는 활동은 받는 사람을 자립적이고 독립적인 존재로 만든다.

— 슈마허, 『작은 것이 아름답다』 중에서

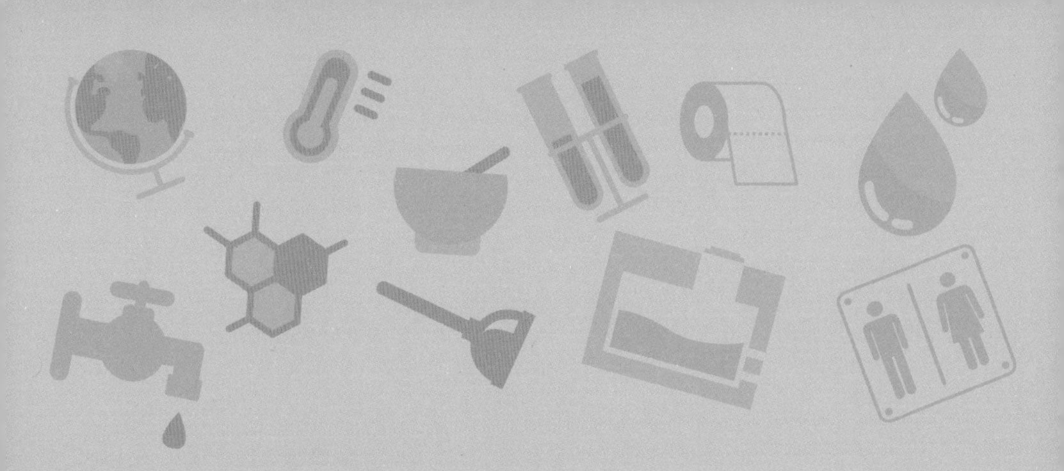

가난한 사람들을 위한 적정 기술

소외된 사람들에겐 어떤 기술이 필요할까?

간디, 물레에서 자립의 힘을 찾다

마하트마 간디(1869~1948)가 물레를 돌리는 모습은 우리에게 매우 익숙한 광경이다. 가느다란 팔과 다리를 드러낸 채 전통의상인 도티를 허리에 두르고 실잣기에 집중하고 있는 모습에 부지런하고 검소한 성품이 고스란히 배어 있다. 그는 날마다 시간을 정해 물레를 돌렸다. 감옥에 갇혀서도 물레질을 멈추지 않았다. 간디가 몸소 물레를 돌린 이유는 뭘까?

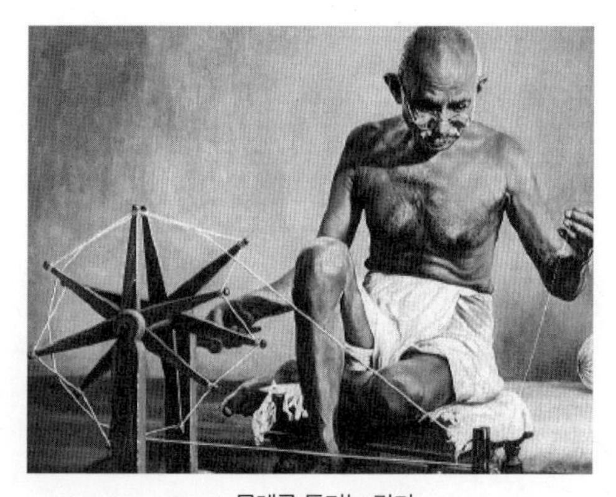

▲ 물레를 돌리는 간디

인도는 전통적으로 품질 좋은 목화의 주산지였으며, 전통의 수공업 방식으로 품질 좋은 면직물을 생산해 세계적인 면직물 수출국이 되기도 했다. 영국은 1600년 동인도 회사를 건립하고 본격적으로 인도로 진출했다. 결국 인도를 놓고 세력 다툼을 벌이던 프랑스를 꺾고 영국은 인도 전체를 식민지로 만들었다. 영국은 증기기관을 발명하고 기계 혁명을 통해 급격한 산업혁명을 이룬 나라였다. 증기기관은 실로 옷감을 짜는 방적 산업을 기계화하는 과정에서 발명된 것이다. 이런 영국이 질 좋은 목화의 생산지인 인도를 식민지로 갖게 되었다. 영국의 기술과 인도의 목화가 결합되어 면직물의 대량 생산이 가능해졌다. 영국은 싼 가격에 면직물을 만들어 물량 공세를 펼쳤다. 인도 사람들까지 값싼 영국산 면직물을 사서 쓰게 되면서 인도의 전통적인 면직 산업은 무너지기 시작했다

간디는 비폭력 저항 운동을 주도하면서 모든 인도인들이 영국에서 생산된 옷을 사 입지 말고 스스로 옷감을 짜자고 말했다. 그는 물레로 실을 잣는 노동이야말로 인도 사람들에게 일거리와 소득을 제공해 가난에서 벗어나게 할 유일한 방법이라고 보았다.

영국은 인도를 취한 적이 없습니다. 우리가 영국에게 인도를 넘겨준 것입니다. 영국인이 힘이 있기 때문에 인도에 있는 것이 아닙니다. 우리가 영국인을 붙잡고 있는 것입니다…… 영국인들은 원래 무역을 하러 우리나라에 왔습니다. 바하두르(동인도)회사를 떠올려 보십시오.…… 누가 그 회사의 직원들을 도와주

었습니까? 누가 그들의 은을 보고 마음이 혹했습니까? 누가 그들의 상품을 샀습니까? 역사는 이 모든 일을 우리가 했다는 사실을 증언합니다. 단번에 부자가 되려고 우리는 그 회사 직원들을 두 팔 벌려 환영했습니다.

– 간디, 『마을이 세계를 구한다』 중에서

간디는 기술문명의 발달이 가져다 준 물질적 풍요와 육체의 편안함에 속아 영국에게 힘을 몰아준 책임이 인도 사람들 스스로에게 있음을 따끔하게 지적했다. 이 탐욕이 식민 지배와 경제적 불평등을 낳고 이를 영원히 지속시키는 원천이라고 본 것이다.

간디는 동력을 이용하는 거대한 기계가 대다수 인도 농민들의 일거리를 빼앗아간다는 점을 꿰뚫어 보았다. 그는 인간의 노동을 돕는 적정한 수준에서 기계를 사용하는 데 머물지 않고 '단번에 부자가 되려고' 거대하고 정교한 기계를 사용하고자 하는 탐욕을 경계했다.

간디는 물레처럼 단순한 기술만 써야 한다고 생각한 것일까? 그건 아니다. 그는 모든 사람이 일거리를 찾아 가난에서 벗어날 수 있다면 기계를 개량하고 정교한 기술을 발전시키는 걸 마다할 이유가 없다고 생각했다. 물레처럼 인간 노동을 배제하지 않으면서 인간의 노동을 돕는 적정한 규모의 기술은 적극적으로 사용해야 한다고 보았다.

인도 독립 후에도 간디는 인도 전역의 70만 개의 마을 하나하나가 경제적으로 자립하여 가난을 몰아낼 수 있는 방안을 구상했다. 인도에는 자원과 인력이 부족하지 않으니, 경제적으로 자립할 방안을 찾는 게 중요하다고 강조했다. 사람들이 자신에게 필요한 음식과 옷을 직접 생산하면서 스스로 자립할 역량이 있다는 것을 깨닫게 되면 자신은 물론 마을 공동체까지 변화시킬 수 있다고 보았다.

슈마허, 가난한 나라에 필요한 기술을 고민하다

가난한 사회의 발전을 도울 수 있는 적절한 기술에 대한 고민은 간디에서 시작되어 영국의 경제학자 에른스트 슈마허(1911~1977)에게로 이어졌다.

슈마허 역시 영국의 식민 통치를 거치면서 경제 자립의 기반을 잃어버린 인도를 주목했다. 인도에서는 여전히 수억 인구가 적절한 일자리를 찾지 못해 가난에 허덕이고 있었다. 슈마허는 가난한 나라에서는 어떤 기술을 선택해서 경제를 발전시키느냐가 중요하다고 보았다.

그는 1973년에 『작은 것이 아름답다』라는 책을 펴냈다. 이 책에서 슈마허는 '기술에 의한 대량 생산'과 '대중에 의한 생산'을 비교하며 "대량 생산이 아니라 '대중에 의한 생산'만이 세계의 가난한 사람들에게 도움을 줄 수 있다."고 주장했다.

▲ 『작은 것이 아름답다』를 쓴 슈마허 박사

가난한 나라들이 돈을 빌려

서 자본이 많이 들어가는 대량 생산 기술을 들여오게 되면 문제가 생길 수 있다. 기계가 사람을 대신하게 되면서 오히려 가난한 사람들의 일자리를 빼앗아간다. 게다가 빌린 돈에 이자를 붙여서 돌려줘야 해서 대량 생산으로 돈을 벌더라도 더 많은 돈이 나라 밖으로 빠져나갈 수도 있다. 또한 농촌 사람들이 돈을 벌기 위해서 공장이 있는 도시로 떠나면서 가난한 농촌의 형편은 더욱 나빠진다. 이렇게 되면 가난에서 탈출하려고 대량 생산 기술을 들여온다고 해도 가난을 벗어나기는커녕 오히려 더 가난해질 뿐이다.

고급 기술에 의한 대량 생산	대중에 의한 생산
많은 자본을 투입해 만든 기계가 생산의 핵심이다.	사람의 현명한 머리와 능숙한 손이 생산의 핵심이다.
인간의 도움을 받아 기술이 생산한다.	기술의 도움을 받아 인간이 생산한다.
노동을 적게 쓰는 기술을 사용한다.	적정한 기술을 사용한다.
대량 생산설비 때문에 생산이 한 곳에서 이루어진다. 작업장 건설에 큰 비용이 들어간다. 화석연료를 이용하는 자동화 기계를 사용한다.	여러 곳에 분산된 작은 규모의 작업장에서 생산이 이루어진다. 작업장을 짓는 비용이 저렴하다. 지역에서 나오는 원료를 사용한다.
생태계를 파괴하고 자원을 낭비한다.	생태계와 자원 보존에 기여한다.

슈마허는 간디와 마찬가지로 자신의 편의를 위해 남이 가진 자원을 빼앗거나 자연을 파괴하려는 인간의 욕망을 경계했다. 인간의 욕망은 무한히 커질

수 있지만 지구의 자원은 한정되어 있다. 인간의 욕망이 커지면 서로 자원을 차지하려고 다툼이 일어나고, 자연은 돌이킬 수 없이 훼손될 것이다.

슈마허는 인류가 미래에도 지구에서 살아남기 위해서는 환경을 파괴하고 인간의 탐욕을 부추기는 첨단과학기술이 아니라 중간 기술을 사용하는 혁신을 일으켜야 한다고 주장했다.

슈마허는 가난한 공동체들이 자신들에게 맞는 발전을 이뤄낼 수 있도록 필요한 지식을 제공하는 게 최상의 원조라고 말한다. 가뭄 때문에 농사를 망쳐 굶을 위기에 처한 공동체에는 당장에 필요한 식량을 공급하는 것이 시급한 일이지만, 한두 차례에 그치는 식량 지원은 근본적인 해결책이 될 수 없고 위기를 잠시 미뤄둘 뿐이다. 스스로 자립할 기반을 다지지 못한 상태에서 식량 지원이 끊기고 원조 단체들의 관심이 멀어지면 굶주림의 위기가 다시 그 공동체를 덮칠 것이다.

지역에 따라 기후와 환경, 주산물이 다르고, 주민들의 의식주와 문화, 생업이 각기 다르기 때문에 주민들이 필요로 하는 기술도 지역에 따라 다를 수밖에 없다. 지역 실정에 적합한 기술을 개발할 때는 무엇보다 먼저 그 지역 환경을 직접 겪어보고 어떤 어려움이 있고 무엇이 필요한지 주민들의 말을 경청하는 것이 무엇보다 중요하다.

슈마허는 자신의 주장을 실행에 옮기기 위해 1966년에 〈중간기술개발그룹〉이라는 비영리단체를 설립했다. 그리고 가난한 나라 사람들의 절실한 요구를 해결하면서 동시에 일자리를 늘리는 일을 실행에 옮겼다. 슈마허가 주창한 중간 기술이란 개념은 그 후 적정 기술이란 개념으로 발전했다.

슈마허는 가난한 사람의 자립을 위한 특별한 전략을 다음과 같이 꼽았다.

1. 가난한 사람들이 지금 살고 있는 곳에 일터를 만들어야 한다.
2. 일터를 만드는 비용은 대체로 저렴해야 한다. 그래야만 막대한 규모의 자본 형성과 물품 수입을 전제로 하지 않기 때문에 많은 일터를 만들 수 있다.
3. 비교적 단순한 생산 방법을 채택해서, 생산, 조직, 원료 공급, 재원 조달, 판매와 관련해서 높은 숙련 노동이 필요한 경우를 최소화해야 한다.
4. 주로 그 지역에서 나는 원료를 이용하면서 동시에 주로 그 지역에서 소비될 수 있는 물건을 생산해야 한다.

폴락, 소외된 90퍼센트를 위한 기술로 시장을 열다

미국의 사회적 기업가 폴 폴락(1934~)은 적정 기술의 아버지로 불린다. 그는 적정 기술 분야에서 많은 활동을 펼쳐왔으며 『소외된 90퍼센트를 위한 비즈니스』라는 책을 썼다. 이 책에서 그는 현대의 과학기술은 편리한 상품과 쾌적한 서비스를 살 경제력을 가진 세계 인구의 10퍼센트만을 겨냥한 상품을 만드는데 주력해 왔다고 비판한다. 그리고 가난 때문에 고급 기술을 살 수 없는 나머지 90퍼센트가 필요로 하는 기술을 개발하는 것이 시급하다고 주장한다.

또한 『적정 기술 그리고 하루 1달러 생활에서 벗어나는 법』이라는 또 다른 책을 통해 적정 기술을 실행에 옮겼던 사례들을 소개했다. 그는 1980년대 초에 〈국제개발기업〉이라는 사회적 기업을 꾸렸다. 〈국제개발기업〉은 가난한 사람들이 여러 가지 적정 기술을 통해서 더 많은 물건과 서비스를 생산하고 그것을 시장에 팔아 소득을 늘릴 수 있도록 돕는 일에 역점을 두고 있다.

▲ 적정 기술 강의를 하는 폴락

그는 방글라데시의 가난한 농민들을 만나 그들의 이야기에 귀를 기울였다. '물이 부족해 농사가 힘들다'고 하소연하는 농민들의 이야기에서 폴락은 이들에게는 좁은 땅에서 수확량을 늘릴 수 있는 기술이 필요하다는 것을 알았다. 그러한 기술이 없으니 가난을 벗어날 수 없다고 판단하고 물을 공급할 방법을 찾았다.

선진국에서는 지하수를 끌어올릴 때 전기 펌프를 쓰지만 전기가 들어오지 않는 개발도상국의 가난한 지역에서는 전기 펌프가 무용지물이다. 폴락은 현지에서 쉽게 구할 수 있는 재료를 이용해 전기 없이도 사용할 수 있는 펌프 등 여러 가지 급수 설비를 개발했다. 농민들은 이 설비들 덕분에 많은 양의 농작물을 생산했고 이를 시장에 내다팔아 짭짤한 소득을 올렸다. 끼니를 거르지 않게 되고 자식들을 학교에 보낼 수 있게 되었다.

지구촌 리포트

<국제개발기업>이 개발한 페달 펌프는 방글라데시, 인도, 수단 등 가난한 나라 농촌에 3백만 대나 보급되었고 덕분에 1천7백만 명이 가난에서 벗어났습니다. 적정 기술의 대표적인 성공 사례이지요.

▲ 국제개발기업에서 개발해서 보급한 페달형 펌프기

폴락은 페달 펌프를 비롯한 설비들을 가난한 사람들에게 공짜로 주지 않았습니다. 예를 들어, 페달 펌프 하나에 8달러를 받고, 지하수가 있는 곳까지 땅을 파고 파이프를 묻어주는 대가로 25달러를 받았습니다.

폴락은 공짜로 제공하는 방식으로는 적정 기술이 성공할 수 없다고 강조했습니다. 페달 펌프가 3백만 개나 보급될 수 있었던 것은 적정한 가격을 받고 팔았기 때문입니다. 페달 펌프를 사용하는 농가의 소득이 늘어나는 걸 보면 다른 농가들도 펌프를 구하려고 합니다. 만일 사용자에게서 적정한 값을 받아 최소한의 비용을 충당하지 않는다면 얼마 못 가서 펌프 생산 공장이 문을 닫게 되겠지요. 결국 많은 농가들이 이 기술의 혜택을 받을 수 없어 가난을 헤쳐 나오지 못하게 될 것입니다.

적정 기술은 어떤 성과를 내고 있을까?

● 가난한 개발도상국을 겨냥해 적정 기술을 개발, 보급하려는 움직임은 1960년대부터 시작되었고 비영리단체와 사회적 기업 등 여러 모임들이 꾸려졌다. 여러 단체들이 적정 기술을 통해 많은 사람들을 가난에서 벗어나도록 도와주고 있다.

프랙티컬 액션, "기술을 통해 가난을 몰아낸다"

프랙티컬 액션Practical Action은 영국의 경제학자 슈마허가 1966년에 적정 기술을 이용해서 개도국의 가난 문제를 개선하기 위해 설립한 비영리단체다. 처음 명칭은 〈중간기술개발그룹〉이었는데 나중에 〈프랙티컬 액션〉으로 이름을 바꾸었다. 남아메리카, 동아프리카, 남아프리카, 남아시아 등을 중점지역으로 정해서 활동하고 있다.

이 단체는 이들 지역의 가난한 공동체들이 외부의 지원에 의존하지 않고 자신의 기술과 지식을 활용해 지속가능하고 실용적인 해결책을 마련하도록 돕고 있다. 이 단체의 활동 원칙은 첫째, 주민들이 현지 상황에 맞는 방법을 찾는 일에 직접 참여하도록 이끌고 주인의식을 심어주는 것, 둘째로, 지역 주민들이 이해할 수 있고 관리하고 유지할 수 있는 기술을 보급하는 것이다.

● **점적관수** drip irrigation

점적이란 물이 방울방울 떨어지는 것을 말하고 관수란 키우는 작물에 인위적으로 물을 주는 것을 말한다. 점적관수법은 물을 효율적으로 이용하기 위해 호스에 일정한 간격으로 작은 구멍을 뚫어 물방울이 조금씩 나오도록 조절한 다음 작물의 뿌리 근처에 물이 방울져 떨어지게 하는 방법이다. 공중에서 물을 뿌려대는 살수 관수 sprinkler irrigation에 비해 적은 양의 물을 이용해 더 많은 작물을 생산할 수 있다.

이 단체는 태양열을 이용한 양수펌프, 빗물 수집 설비, 소형 댐, 점적관수 설비, 페달 펌프, 증류식 정수 설비, 가정용 퇴비화 설비 등의 기술들을 개발해 아프리카, 남미, 남아시아의 여러 나라에 보급하고 있다. 프랙티컬 액션의 2021-2022년 보고서에 따르면, 이 단체는 농업, 도시, 청정에너지, 일자리 창출 등 다양한 분야에서 활동하고 있다. 특히 청정에너지 분야와 관련해서는 전기를 사용할 수 없는 10억 명의 사람들을 위해 에너지를 활용하는 방법을 연구하고 있다. 지역 사회와 협력하여 다양한 사업을 진행하고 있으며 이를 통해 2025년까지 빈곤으로 고통 받는 600만 명의 생활을 개선할 수 있다고 한다.

보르다, "생각은 장기적으로, 행동은 지금 당장"

독일의 비영리단체 보르다BORDA는 1977년에 설립된 후로 40년 동안 개발도상국의 가난한 사람들의 삶을 개선하기 위해 여러 가지 적정 기술을 개발하고 보급하고 있다. "생각은 장기적으로, 행동은 지금 당장" 이란 보르다의 표어에는 보르다의 활동 원칙이 요약되어 있다.

보르다는 도로나 하수도망, 전력 등의 기간 시설이 제대로 갖추어져 있지 않은 가난한 지역들에 적정한 시설을 개발보급하고 있다. 그 중 대표적인 것이 분산형 하수처리법이다. 작은 공동체 단위에서 건설비용이 적게 들고 유지관리가 간단한 소규모 하수처리시설을 설치해 운영하는 방법이다. 이 방법은 아시아, 아프리카의 여러 나라에서 원조단체들이나 각국 정부들과의 협력 사업을 통해 널리 보급되고 있다.

고급기술이 필요한 대규모 시설 대신에 적정한 기술을 활용해서 분산형 소규모 시설을 만들면 여러가지 이점이 있다. 시설을 건설하고 운영하는 과정에 지역 주민들이 참여하고 현지에서 나는 재료가 들어가기 때문에 지역 내에서 지속적으로 소득이 발생한다. 보르다는 분뇨 수거, 운반, 처리, 재활용에 필요한 기술을 개발해서 보급하고 이 기술을 사용해서 지속적인 일자리를 만들어내고 있다.

아프리카 잠비아, 모잠비크, 마다가스카르에서는 분뇨처리시설을 바이오가스 생산시설과 연결시켜 메탄가스를 생산하는 방법도 보급하고 있다. 가난한

▲ 땅에 묻힌 바이오가스 생산시설

가정과 식당 등 소규모 사업장에서는 가스를 연료로 사용해서 에너지 비용 부담을 줄일 수 있는 한편 나무 땔감이나 숯, 석탄 등의 연료가 덜 쓰이기 때문에 환경오염도 줄어든다.

보르다의 2018-2019년 보고서에 따르면 이 단체가 아프가니스탄에 세운 하수처리 시설들은 공공기관과 학교, 병원, 건물 및 유적지에서 발생하는 하수를 하루에 400m³ 이상 처리할 수 있다. 보르다가 인도 데바나할리에 세운 분뇨처리설비는 주민들이 배출하는 분뇨를 안전하게 처리하고, 건축재로 활용할 수 있는 건조 슬러지를 만들어 농민들에게 판매했다.

지구촌 리포트

분산형 하수처리의 장점

세계에서 발생하는 하수의 80퍼센트는 처리되지 않은 채 버려집니다. 유럽과 북미의 도시 지역의 대부분은 대규모 하수도망과 집중형 하수처리법을 이용합니다. 하지만 재원이 부족하거나 지역적 특수성이 있는 지역에서는 이런 하수도망과 하수처리법을 사용하기 어렵습니다. 분산형 하수처리 시설은 이런 곳에 적합합니다. 소규모 시설이라 건설비용이 적게 들고 유지관리가 간단하기 때문에 작은 공동체 단위에서 설치해 운영할 수 있지요. 분산형 시설을 널리 보급하면 물 오염과 질병 확산의 위험을 크게 줄일 수 있습니다.
개발도상국들에서도 환경오염을 줄이는 방안으로 하수배출 규제가 점차 강화되고 있습니다. 이런 나라들에서는 식품가공업이나 도축업 등 소규모 사업장들이 하수를 처리하지 않고 배출하다가 영업정지 등 처벌을 받거나 문을 닫기도 해요. 이 사업장들이 분산형 하수처리법을 도입하면 저렴한 비용으로 하수를 처리할 수 있을 뿐 아니라 바이오가스를 이용해 에너지 비용까지 줄일 수 있습니다.

킥스타트, "농업용수로 아프리카의 가난을 없애자"

킥스타트KickStart는 1991년에 '어프로텍'ApproTec이란 이름으로 출발해 최근에 이름을 바꾼 사회적 기업이다. 부르키나파소, 콩고민주공화국, 에티오피아, 가나 등 아프리카의 가난한 사람들에게 적정 기술을 공급하여 가난에서 벗어날 수 있도록 돕는 사업을 펼치고 있다.

킥스타트는 적은 힘으로도 깊은 곳에서 지하수를 끌어올릴 수 있는 페달 펌프 머니메이커Money Maker를 개발했다. 작물에 물을 넉넉히 주지 않으면 수확이 많이 나지 않는다. 많은 농가가 이 펌프를 사용하면서 수확량이 늘어났다. 이 기계는 무료는 아니다. 가난한 사람들의 경제적 부담을 덜어 주기 위해서 기계 값을 나누어 내거나 수확한 후에 기계 값을 내는 방식으로 판매하고 있다. 이 펌프는 전 세계적으로 35만 개가 팔렸는데, 전체 농가 가계 소득이 평균 400% 늘었다고 한다.

사하라 사막 이남 아프리카에서는 농업노동을 하는 인구의 70퍼센트가 여성이다. 여성들은 대부분 좁은 땅에서 가족이 먹을 작물을 짓는데, 그마저도 물이 부족해 수확이 변변치 않다. 가족을 부양하는 데 별 보탬이 되지 않으니 여성들은 남편의 눈치를 봐야 한다. 그런데 농사에 머니메이커를 이용하게 되자 수확이 늘어나고 돈을 모을 수 있게 되었다. 여성들은 모은 돈으로 농지를 늘리고, 늘어난 농지에서 더 많은 수확을 올렸다. 소득이 늘어나면서 가족들은 아플 때 병원에 갈 수 있게 되었고 자식들은 학교에 갈 수 있게 되었다.

경제력이 생기면서 여성들의 발언권이 커졌고, 여성들은 이제 가정은 물론이고 공동체에서도 중요한 역할을 맡게 되었다. 이들 여성들에게 머니메이커는 단순히 물을 끌어올리는 펌프가 아니라, 가난의 굴레를 벗겨주고 잠재력에 날개를 달아주는 도구가 되었다. 이들은 "이 펌프가 모든 걸 바꾸었어요."라고 자신 있게 말한다.

킥스타트는 머니메이커 펌프의 성능을 개량하고 대량 생산하는 일에 그치지 않고, 현지 주민들에게 펌프와 부품을 파는 일을 맡겨 지속가능한 공급망을 구축하고 있다. 또한 이 펌프가 농민들의 생활에 어떤 영향을 미치는지 분석하여 그 결과를 토대로 새로운 기술의 개발을 추진하고 있다.

킥스타트의 자체 평가에 따르면, 킥스타트의 활동과 관련해서 35만 개의 페달 펌프가 팔렸고, 펌프를 사용한 27만 명이 수익 사업을 시작했고, 130만 명이 가난에서 벗어났으며, 매년 1300만 명분의 식량이 공급되고, 23만 개의 일자리가 만들어졌다.

지구촌 리포트

아프리카의 물 부족과 농업

아프리카에는 세계 인구의 약 17퍼센트가 살고 있지만 수자원은 고작 지구 전체의 9퍼센트에 불과합니다. 아프리카는 엄청난 천연자원을 보유한 대륙이지만 수자원은 예외입니다. 날씨와 강우량의 변화가 매우 심하여 오랜 가뭄과 오랜 장마가 번갈아 발생하는데, 수많은 국경과 지리적 특성, 일정하지 않은 기후의 영향 때문에 수자원의 평등한 공유와 개발에 어려움이 있습니다.

▲ 머니메이커 펌프를 쓰는 아프리카 어린이

그럼에도 아프리카 인구의 80퍼센트는 좁은 땅에서 작물을 키워 생계를 유지합니다. 사하라 사막 이남 아프리카의 농촌 지역은 특히 심각한 가난과 기근에 시달려요. 빗물을 이용할 수 없는 건기에는 대부분의 농가들이 물 부족으로 경작을 하지 못해 식량 부족에 허덕입니다. 우기에는 빗물을 이용해 비교적 많은 작물을 생산하지만 신선하게 보관할 방법이 없어 아까운 작물이 썩는 걸 지켜봐야 합니다. 농업 분야에 머니메이커 등의 적정 기술이 적용되면 많은 아프리카 사람들이 소득을 늘려 인간다운 생활을 할 수 있습니다.

그라민 샥티, "농촌에 빛과 전기를"

그라민 샥티Grameen Shakti는 '농촌의 에너지'라는 뜻의 방글라데시 말이다. 그라민 샥티는 전기를 공급받지 못하는 농촌 가구에 재생에너지를 이용해 전기를 공급하기 위해 1996년에 설립되었다. 지금까지 180만 개의 가정용 태양광 설비를 설치했고, 총 용량은 70MWp나 된다. 태양광 설비 덕분에 농촌의 작은 가게들이 밤늦게까지 문을 열거나 고객을 끌기 위해 휴대전화와 텔레비전까지 설치할 수 있게 되었다.

또 그라민 샥티는 바이오가스 설비와 개량형 조리기 판매 사업까지 펼치고 있다. 농업 쓰레기, 가축이나 사람의 분뇨, 음식 쓰레기를 이용하는 바이오가스 생산 설비는 방글라데시 전역에 약 100만 개 정도 보급되었다. 가축을 키우는 농가들이 바이오가스 설비를 설치하면 사람과 가축의 배설물과 음식 쓰레기 등을 이용해 바이오가스를 생산할 수 있다. 농가들은 이 가스를 취사용, 조명용 연료로 쓰고 가스 생산 후 남은 찌꺼기는 유기농 비료로 쓴다.

▲ 태양광 설비를 설치하는 방글라데시 여성

주로 마을 여성들이 가정용 태양광 설비의 유통과 유지 보수를 담당하는 일을 하는데, 현재 약 3천 명의 여성이 훈련을 받았으며, 그중 일부는 에너지 관련 회사에서 일하기도 한다. 굳이 제품 판매를 늘리기 위해 큰 비용을 들여 광고할 필요도 없다. 이웃집이 달라진 것을 본 가구들이 너도나도 구입하겠다고 나서기 때문이다. 소득이 낮은 가구들에게는 설치비용을 2년에서 3년 동안 분할해 내는 방식으로 부담을 줄여준다.

대량 생산이 이어지면서 지역별로 재생 에너지 관련 사업이 만들어지고 많은 '녹색 일자리'가 만들어지고 있다.

● **녹색 일자리**
녹색 일자리는 지구 생태계를 보호하고 에너지와 자원을 절감하며, 탄소를 많이 발생시키지 않고 오염의 절감에 기여하는 산업에서의 일자리를 말한다. 즉, 저탄소 녹색성장과 관련한 부문의 일자리를 의미한다. 넓은 의미로는 친환경적인 경제성장을 통해서 발생하는 일자리를 말한다.

쉬리, "야외배변을 없애고 건강을 증진한다"

쉬리는 "인도의 위생과 건강권Sanitation and Health Rights in India"이란 뜻이다. 여성용 화장실 여덟 칸, 남성용 화장실 여덟 칸과 손 씻는 시설이 갖춰진 쉬리 화장실 시설은 주민들에게 사용료를 받지 않는다. 야외 배변 습관에서 벗어나 화장실을 사용하도록 유도하기 위해서다. 수거된 인분은 쉬리 시설 내에 있는 바이오가스 생산 설비에 투입된다. 쉬리 시설에서 특이한 점은 바이오가스를 이용해 전기를 만들고, 이 전기로 정수 설비를 가동해 깨끗한 물을 생산한다는 점이다. 저렴한 가격으로

정수된 물을 주민들에게 판매하는데, 그 수익금은 시설 운영비로 쓰인다.

쉬리 시설은 주민들에게 무료로 안전한 화장실을 제공하고 저렴한 가격에 안전한 식수를 공급하는 일석이조의 성과를 올리고 있다. 매달 주민 250명이 식수를 사면 쉬리 시설 한 곳의 운영비 900달러가 모인다. 쉬리 화장실 하루 이용자는 5천 명 이상이고, 매월 9만 리터의 식수가 판매되고 있다.

쉬리 시설 운영 단체는 쉬리 화장실을 계속 확대 보급해서 야외 배변을 종식하고 인도 지역 사회에 안전한 물과 위생의 혜택을 제공하겠다는 포부를 품고 있다. 이들의 활동은 야외 배변을 없애 건강을 증진할 뿐 아니라, 분뇨

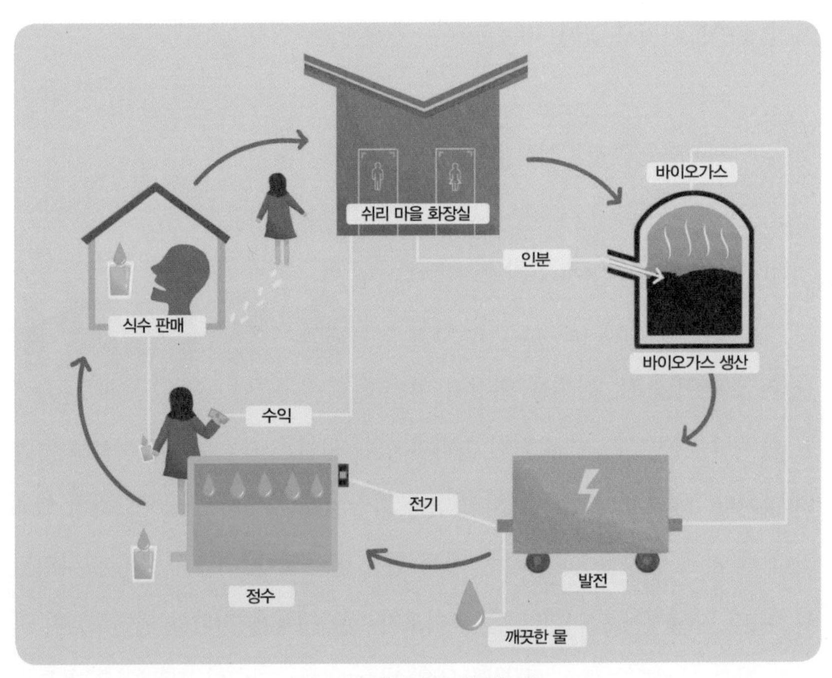

▲ 쉬리 마을 화장실의 자원순환 경로

의 자원 가치를 살려 주민들에게 필수적인 식수와 일자리를 공급하여 지역 사회의 지속가능한 발전을 꾀하는 소중한 시도다.

우리나라에는 어떤 적정 기술 활동이 있을까?

우리나라에서도 국내외를 무대로 적정 기술 활동이 활발히 이루어지고 있다. '국경없는과학기술자회'는 적정 기술을 이용해 개발도상국을 지원하는 과학기술 콘텐츠를 만드는 한편, 국제 학술 대회, 토론회 등을 개최해 국내외 적정 기술 관련 학술활동을 장려하고 있다. '적정 기술 미래포럼'은 적정 기술 아카데미, 적정 기술 포럼, 적정 기술 전시회를 운영하고 적정 기술 관련 서적을 발간하면서 적정 기술에 대한 인식을 높이고 있다. '적정 기술학회'는 적정 기술 개발과 과학기술을 통한 사회문제 해결을 위한 학술연구 사업에 주력하고 있다. 적정 기술 경진대회, 적정 기술 아카데미 등도 열리고 있다.

개발도상국들의 개발을 돕기 위한 '공적개발원조'에 대한 정부의 지원이 늘어나면서 우리나라 과학기술인들의 적정 기술 활동이 더욱 활력을 얻고 있다. 과학기술정보통신부는 여러 대학교 연구진들의 역량을 이용해 캄보디아, 라오스, 네팔, 탄자니아, 에티오피아, 베트남 등 개발도상국에 적정과학기술거점센터를 세우고 활동을 지원하고 있다. 캄보디아 거점센터는 물 분야 적정 기술에 주력해 동남아시아와 아프리카 지역에 적합한 정화조를 개발, 보급하고 있고, 라오스 센터와 탄자니아 센터는 에너지와 농업 분야에 주력하면서 전기 없는 마을에 태양광과 소수력 등을 이용해서 지속가능한 에너지 공급 기술을 보급하고 있다.

우리나라 사람들 사이에서도 생태적인 삶을 이루기 위한 다양한 시도 속에 적정 기술이 자리를 넓혀가고 있다. 서울시의 혁신파크에는 '대안에너지기술연구소', '마을기술센터 핸즈', '적정 기술 공방' 등이 입주해 에너지, 건축, 주거 분야 등 우리나라 상황에 맞는 적정 기술을 개발, 교육, 적용하는 활동을 하고 있다. 대안에너지기술연구소는 화석연료와 핵 발전으로부터 벗어나기 위한 대안에너지 기술 관련 교육과 연구 뿐 아니라, 플라스틱 폐기물을 이용하여 필요한 제품들을 다시 만들어쓰는 적정 기술 보급 활동을 하고 있다.

지방자치단체의 적정 기술 지원도 차츰 늘어나고 있다. 충청남도에서는 여러 적정 기술 단체들이 모여 적정 기술 협동조합 연합회가 결성되었고, 서울시에서는 생활 속의 적정 기술 개발을 장려하기 위해 '서울형 적정 기술 공모' 사업을 진행하고 있다. 겨울철 유리창 단열 효과가 높다고 알려진 뽁뽁이 활용법 역시 적정 기술 아이디어 공모를 통해 보급된 사례이다.

민간에서는 삼성전자에서 2019년부터 빌 앤 멜린다 게이츠 재단과 협업하여 신개념 화장실Reinvented Toilet을 개발했다. 신개념 화장실은 물이나 하수처리 시설이 필요 없는 화장실이다. 이 화장실은 대변은 수분을 제거하고 열을 가해 재로 만들고 소변은 바이오 정화 방식으로 처리한다. 이렇게 정화된 유출수는 환경에 해를 끼치지 않는다. 삼성은 이 기술을 상용화하여 저개발국에 무상으로 배포할 예정이며, 게이츠 재단에서는 신개념 화장실을 양산해 물이 부족한 국가에 제공할 계획이라고 밝혔다.

적정 기술의 성공 비결은 무얼까?

● 지속가능성을 고려하지 않은 기술은 오히려 자립적인 발전을 가로막는 경우가 많다. 개발 초기에 개발도상국에 꼭 필요한 기술이라는 극찬을 받으면서 보급된 기술이 얼마 못 가서 현지 주민들에게 외면당하면서 실패로 끝난 사례가 적지 않다. 우리는 이런 실패 사례 속에서 교훈을 얻을 수 있다. 다음 사례를 살펴보면서 적정 기술을 개발할 때는 어떤 원칙을 지켜야 하는지 생각해보자.

빛 좋은 개살구, 플레이펌프의 교훈

아프리카와 동아시아 지역 중에는 비가 쏟아지는 우기와 전혀 비가 오지 않는 건기의 구분이 뚜렷한 곳이 많다. 이런 곳에서는 우기에는 빗물을 이용할 수 있지만, 건기에는 물을 쉽게 구할 수 없기 때문에 물을 구하기 위해서

▲ 한때 극찬을 받았던 플레이펌프의 홍보 사진

는 많은 시간과 노동이 든다. 물이 있는 곳을 찾아 먼 길을 가서 물을 길어오는 일은 대부분 여성들과 아이들에게 맡겨진다. 건기에 많은 아이들은 물을 길어오느라 학교에도 가지 못한다.

한 사업가가 이런 비참한 현실을 개선하겠다고 플레이펌프Play Pump를 고안했다. 회전용 놀이기구처럼 생긴 이 설비는 아이들이 회전용 놀이기구를 돌리듯 계속 돌려서 지하수를 끌어올리는 장치이다. 개발 초기에 아프리카의 물 부족 문제를 해결할 수 있는 획기적인 설비라는 극찬이 이어졌다. 명사들이 참여해 아프리카 각지에 이 설비를 설치할 비용을 모으는 자선 모금이 이어졌고, 1995년부터 2009년까지 아프리카 여러 곳에 무려 1,800대가 '무료로' 보급되었다. 한때는 적정 기술의 우수 사례로 꼽히기도 했다.

그러나 14년이 지난 지금 이 펌프는 아프리카 곳곳에서 사용되지 않은 채 방치되어 있다. 물을 편리하게 끌어올린다는 애초의 목표를 달성하지 못해 사람들에게 외면당한 것이다. 이 기구는 몇 시간 동안 빠른 속도로 돌려야 물을 끌어올릴 수 있는데, 몇 시간씩 이 기구를 돌리는 건 아이들에게는 놀이가 아니라 고역이었다. 일반적인 뺑뺑이 놀이기구는 돌리기 시작하면 가속도가 붙어 빠른 속도로 돌아갈 때 아이들이 재미를 느끼는데, 플레이펌프는 펌프를 돌리는 데 힘을 뺏겨 가속도가 붙지 않는다는 한계가 있었다. 게다가 어른 혼자서 돌리기에도 버거울 만큼 비효율적이었다. 손으로 움직이는 양수 펌프를 쓰는 것에 비해 힘은 많이 들어가는데 얻어지는 물의 양은 적었다. 한때 아이들이 놀기만 해도 물이 나오는 '꿩 먹고 알 먹기' 기술로 꼽히던 플레이펌프는 이제는 '빛 좋은 개살구'가 되었고, 적정 기술의 핵심을 놓치지 말라는 교훈을 주는 사례로 쓰이고 있다. 이 플레이펌프 1호가 설치되고 십여 년 사이에 무려 1,800대가 설치되었다. 어떻게 그처럼 긴 시간 동안 이런 문제점이 개선되지 않은 채 사업이 계속 진행되었을까?

사용자가 꼭 필요로 하는 기술인지, 사용자가 편리하게 이용할 수 있는 기술인지 사용자의 의견을 듣는 일을 우선했다면 더 많은 물을 더 편하게 공급하는 그야말로 적정한 기술이 탄생했을지도 모를 일이다.

지구촌 리포트

말라리아 예방 모기장이 부른 논쟁

세계보건기구의 자료에 따르면, 2021년에 전 세계에서 말라리아가 발생한 건수는 약 2억 4700만 건, 말라리아로 사망한 건수는 약 62만 건인데, 그중 약 95퍼센트가 아프리카에서 발생했습니다. 모기가 옮기는 말라리아를 예방하기 위해서는 모기에 물리지 않아야 합니다.

여러 국제원조기구들은 오래 전부터 말라리아의 피해를 줄이기 위해 모기장 원조를 진행해 왔습니다. 그러나 모기장 무료 보급은 기대했던 만큼 큰 성과를 내지 못했습니다. 사람들이 공짜로 나눠주는 모기장을 받아와서 호기심에 몇 번 쓰고 나서는 처박아두거나 아예 다른 용도로 사용하는 경우가 빈번했어요. 이런 일들은 원조 실패의 사례로 자주 인용되고 있습니다. 그러나 모기장의 무료 보급이 좋은가, 유료 보급이 좋은가에 대한 논쟁이 이어지고 있습니다.

한편에서는 모기장을 꼭 쓰겠다고 마음먹은 사람은 돈을 주고라도 모기장을 사고, 모기장의 필요성을 알지 못하던 사람도 돈을 치르고 모기장을 사면 주인의식을 가지고 충실하게 사용할 것이라고 주장합니다. 따라서 비용의 일부만이라도 사용자가 내게 해야 한다고 주장하지요.

다른 한편에서는 모기장을 공짜로 주면 아프리카 현지의 모기장 생산과 유통 기반이 무너지니, 현지 주민들이 직접 품질 좋은 모기장을 생산할 수 있도록 모기장 생산 공장의 건설과 운영을 도와주는 편이 낫다고 주장합니다.

하지만 세계보건기구는 말라리아 위험이 있는 지역의 거의 모든 사람들이 이용할 수 있도록 모기장을 무료로 보급하되, 사용자 인식 개선에 역점을 두는 체계적인 보급 방식을 이용할 것을 권장하고 있어요. 사하라 사막 이남 아프리카의 모기장 보급률은 2010년 30퍼센트에서 54퍼센트로 크게 상승했지만, 보급률 상승세는 2014년 이후로 주춤하고 있습니다. 2020년에는 코로나19 전염병이 퍼져 이동이 제한되면서 더욱 어려움을 겪었습니다.

말라리아를 예방하고 진단하고 치료하는 새로운 기술들을 개발하고, 이 기술을 말라리아 위험 지역 주민들에게 신속하게 적용할 방안을 찾아야 합니다.

적정 기술이 성공하려면?

주민의 생각과 필요에서 출발해야 한다.

플레이펌프의 사례에서 보듯이, 적정 기술의 첫걸음은 주민 의견 경청이다. 자신이 무엇을 필요로 하는지, 어떤 방법이 가장 마음에 드는지, 그 답이 주민들의 머릿속에 있기 때문이다. 적정 기술의 마침표 역시 주민 참여다. 어떤 적정 기술이 적정한가 아닌가는 주민들의 발언이 아니라 주민들이 기술을 얼마나 적극적으로 이용하는가로 입증된다.

사용법이 간단해야 한다.

별도의 도구를 이용하거나 어려운 교육을 거치지 않고도 사람들이 쉽게 사용할 수 있어야 한다. 사용법이 지나치게 어려우면 아예 시도할 엄두를 내지 못하거나 사용법을 잊어버려 무용지물이 되기 쉽다. 고장이 잘 나지 않거나 고장이 나도 쉽게 고칠 수 있어야 한다.

현지 실정에 맞아야 한다.

기술이 사용될 곳, 사용할 사람들의 특수성(기후, 환경, 생활습관, 문화)을 고려해 적절하게 설계되어야 한다. 주민들의 습관과 문화와 심한 마찰을 빚는 기술은 대체로 외면당한다. 무상 원조 방식으로 보급된 기술 중에는 주민들에게 외면당해 버려진 기술들이 적지 않다.

해당 지역에서 구할 수 있는 일손과 재료를 사용해야 한다.

그 지역 사람들에게 일자리를 주어야 한다. 외부에서 나는 재료를 들여와 사용하거나 외부 사람에게 일을 맡겨야 하는 기술은 수익의 일부가 외부로 빠져나가기 때문에 지역의 지속가능한 발전을 더디게 한다.

환경에 부담을 주지 않는 에너지를 이용해야 한다.

적정 기술은 전력망이나 상하수도망 등 기간 시설이 구축되지 않은 곳에서도 쓸 수 있는 기술이어야 한다. 개발도상국의 가난한 사람들은 대부분 전기, 상하수도, 도로 등 기반 시설의 혜택을 보지 못한다. 사람의 힘으로만 쓸 수 있거나, 현지에서 쉽게 구할 수 있는 태양, 풍력, 수력 등 효율적인 재생에너지를 이용해야 한다.

적정한 가격으로 이용할 수 있어야 한다.

적정 기술은 값이 비싸지 않아야 한다. 가난한 사람들이 엄두도 낼 수 없을 만큼 값비싼 기술이라면 적정 기술이 아니다. 할부판매, 후불판매 등 가격 부담을 줄일 수 있는 다양한 지불 방식이 마련되어야 한다. 그렇다고 공짜로 나누어 주는 건 좋지 않다. 주인의식이 없어 사용자들이 설비를 아끼지 않거나 제대로 관리하지 않아 쉽게 망가질 수 있다.

기술의 발전 가능성이 열려 있어야 한다.

적정 기술은 개발하는 집단과 사용하는 집단이 긴밀한 관계를 이룰 때에만 탄생한다. 기술의 개발과 실제 사용, 평가, 개선 과정을 효율적으로 설계하여 신속하게 개선될 수 있어야 한다.

적정 기술의 원칙들은 다음의 한 마디로 요약할 수 있다. 적정 기술의 핵심은 지속가능성이다.

▲ 유기물 쓰레기를 이용한 바이오차 – 나무 땔감을 대체하는 지속가능한 적정 기술 연료

지속가능한 화장실 ➡ 지속가능한 발전

지속가능한 화장실이 마련되면
- 깨끗한 물이 보호된다.
- 재생에너지가 생산된다.
- 자연 환경이 보호된다.
- 농업 생산이 늘어난다.
- 건강이 향상된다.
- 학교 출석률이 높아진다.
- 소득이 높아진다.

스톡홀름 환경연구소 Stockholm Environment Institute의 2017년 보고서 중에서

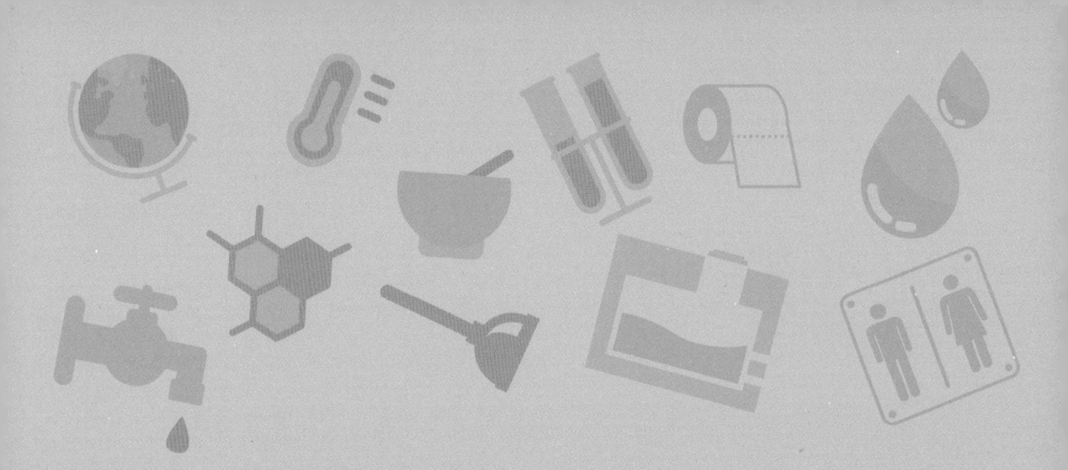

4장

지속가능한 화장실을 찾아서

지속가능한 발전이란 무엇일까?

지속가능발전목표

'적정 기술의 핵심은 지속가능성이다'라는 말에서 지속가능성은 단지 적정 기술에만 해당하는 말은 아니다. 오히려 지속가능성이라는 말은 우리가 살고 있는 이 지구를 겨냥한 말이다.

많은 나라들이 수십 년에 걸쳐서 경제 성장 위주 발전 정책을 다그쳐 오면서 인권이 무너지고, 사회적 불평등과 환경 파괴 등의 심각한 문제들이 야기되어 왔다. 최근에 국제 사회는 눈앞의 풍요를 얻기 위해 다른 공동체나 집단을 희생시키거나 지구의 미래와 다음 세대의 미래를 위태롭게 하는 발전을 경계하자는 결의를 다지게 되었다. 국민 소득 등 표면적인 경제 수치의 성장에만 집중해서 인간의 권리를 짓밟고 공동체를 무너뜨리고 생태계를 파괴하는 활동을 한다면 지구는 지속가능할 수 있는가라는 심각한 질문을 던지게 된 것이다. 여기에서 '지속가능한 발전'이라는 개념이 등장했다. 지속가능한 발전이란 현 세대의 필요를 충족시키는 데 그치지 않고 미래 세대의 필요까지 충족시키는 발전을 뜻한다.

2015년에 유엔은 인류의 지속가능한 발전을 위해 사회, 환경, 경제 등 다방면에 걸쳐서 통합적이며 유기적으로 이루어야 할 발전 목표들을 모아 전 세계가 달성해야 할 '지속가능발전목표'를 세웠다. 지속가능발전목표는 2030년까지 달성하고자하는 17개 목표와 169개 세부 목표로 이루어져 있다.

특히 돋보이는 것은 발전의 혜택이 '모든 사람'에게 미쳐야 한다고 천명한 것과 목표 달성 기한을 2020년 또는 2030년 등으로 구체적으로 정한 것이다. 목표를 막연하게 제시하게 되면 각 국가의 정부들과 국제기구들이 목표 달성에 필요한 정책을 실지로 시행하는 것을 차일피일 미루다 흐지부지될 수 있다는 판단에서이다. 지속가능발전목표는 시한과 대상이 구체적으로 정해져 있기 때문에 각국 정부 혹은 국제기구들은 연도별 달성 목표를 구체적으로 정하고 실행 계획을 세우는 등 체계적인 활동을 전개할 의무를 지게 된다.

• 17가지 지속가능발전목표 •

지속가능발전목표는 총 17가지 목표와 169개의 세부 과제로 이루어졌는데, 그중 17가지 분야별 목표는 다음과 같다.

① **빈곤 퇴치** 모든 곳의 모든 형태의 빈곤 종식

② **기아 종식** 굶주림을 없애고, 식량 안보를 성취하며, 영양 상태를 개선하며 지속가능한 농업 지원

③ **건강과 복지** 모든 사람들의 건강한 삶을 보장하며 복지 증진

④ **양질의 교육** 모든 사람에게 양질의 교육 보장과 평생 교육 기회 장려

⑤ **성 평등** 성 평등 달성과 여성과 여아의 역량 강화

⑥ **깨끗한 물과 위생** 모든 사람들을 위한 물, 위생의 이용 가능성, 지속가능한 관리를 보장

⑦ **지속가능한 에너지** 모든 사람에게 신뢰가능하고 지속가능한 에너지 보장

⑧ **양질의 일과 경제적 성장** 지속가능한 경제적 성장과 생산적 고용 촉진

⑨ **혁신과 사회기반시설** 지속가능한 산업화 지원, 혁신 육성, 복원력 있는 기반시설 건설

⑩ **불평등 감소** 국가 간 및 국가 내 불평등 감소

⑪ **지속가능한 도시와 공동체** 도시와 주거지를 안전하고 지속가능하게 만들기

⑫ **책임 있는 생산과 소비** 지속가능한 생산과 소비 양식 만들기

⑬ **기후 변화 대응** 기후 변화와 그 영향에 대응하는 긴급한 행동의 시행

⑭ **해양 생태계 보호** 해양 자원을 보존하고 지속가능한 방식으로 사용

⑮ **육상 생태계 보호** 육상 생태계를 보호, 복원하며 지속가능한 방식의 사용을 촉진, 사막화 대응, 토양 오염 및 생물 다양성 감소 저지

⑯ **평화, 정의, 효과적인 제도** 지속가능한 발전을 위한 평화롭고 포괄적인 사회 촉진, 모든 사람을 위한 사법제도 접근 보장, 효과적이고 책임 있는 제도 구축

⑰ **지구촌 협력** 지속가능한 발전을 위한 실행 수단 강화와 세계적 협력의 활성화

▲ 17가지 지속가능발전목표

지속가능한 화장실은 인류의 미래다

안전한 화장실은 인권이자 인류의 미래다

지속가능발전목표 6번은 〈물과 위생〉이다. 오염된 식수와 안전한 화장실 부족으로 많은 인명이 손실되고 있으므로 이 문제를 시급히 해결해야 한다는 국제 사회의 결의다. 그 중에서도 6.2의 세부목표는 다음과 같다.

> **지속가능한발전목표 6.2**
> 2030년까지, 야외 배변을 완전히 없애고 모든 사람이 충분하고 공평한 위생설비를 이용할 수 있게 한다. 특히 여성과 여아 및 취약한 환경에 놓여있는 사람들의 필요에 주목한다.

여기서 '모든 사람' 이란 표현은 중요한 의미를 담고 있다. 유엔이 정한 지속가능발전목표의 기본 정신은 '리브 노 원 비하인드Leave No One Behind'다. 우리말로 옮기면 '단 한 사람도 배제하지 않는다'는 뜻이다. 앞서도 말했듯이, 안전한 화장실은 기본적인 인권을 보장하기 위한 필수적인 조건이다.

다음 그림의 사다리는 물 오염, 환경오염만이 아니라 자원의 생태적인 순환을 고려한 사다리다. 이 사다리에서 Ⓒ층, Ⓓ층 사람들이 바로 안전한 화장실을 사용하지 못하는 사람들이다. 지속가능발전 목표가 지향하는 것은 Ⓒ층, Ⓓ층에 머무르는 사람들이 없도록 하는 것이다.

인류와 지구의 지속가능한 발전을 위해서는, 환경오염을 예방하는 위생 설비(Ⓑ)로 개선하는 데 그쳐서는 안 되며, 자원을 절약하고 영양분을 다시 이

• 위생 설비 사다리 •

Ⓐ **생태적인 설비** 인분 속 병균이 인체에 닿을 위험을 방지하고, 오염을 예방하고 자원을 절약하고 영양분을 재이용하는 설비. (똥오줌 분리 변기, 바이오가스, 오염 정화를 위한 습지 조성)

Ⓑ **환경적인 설비** 인분 속 병균이 인체에 닿을 위험을 방지하고, 처리 과정을 통해 환경오염을 막는 설비(하수처리장)

Ⓒ **기본적인 설비** 인분 속 병균이 곧바로 인체에 닿을 위험을 안고 있는 설비, 처리 과정이 전혀 없거나 부실해 환경을 오염시키는 설비. (구덩이식, 부패조식 화장실)

Ⓓ **아무런 설비가 없다**(야외 배변)

용하는 생태적인 위생 설비(Ⓐ)로 개선해 나가야만 한다. 안전한 화장실을 기본적인 인권으로 보장하는 것은 곧 인간의 생명을 지키고 지구 생태계를 지키는 길이다.

지속가능발전목표 17개 목표들은 어느 것 하나 빼놓을 수 없이 중요하고, 또한 서로 연결되어 있다. 6번 〈물과 위생〉 목표 역시 나머지 16개 목표와 긴밀히 연결되어 있다. 〈물과 위생〉은 인권을 보장하는 데 그치지 않고 지구 생태계와 인류 공동체의 지속가능성을 보장하기 위해 달성해야 할 전제다. 몇 가지만 예로 들어보자.

⑥ 모든 사람에게 안전한 화장실이 보장되면

3 설사 위험과 질병 발생이 줄고, 영양부실로 인한 성장부진 또한 줄어든다.

4 학교 출석율이 높아진다.

4·5 여학생 출석율이 높아지고, 여성과 여아의 역량이 강화된다.

3·5 여성들과 여자 아이들의 존엄과 안전에 도움이 된다.

1·2 건강을 잃지 않고 학교 교육을 제대로 받으면 소득 활동이 가능해져 가난과 기아에서 벗어날 수 있는 기반이 된다.

7 개선된 화장실 기술과 인분 처리 기술을 통해 에너지 낭비를 줄이고 인분의 자원화로 지속가능한 에너지를 활용할 수 있다.

8 화장실의 설치 및 유지와 관련한 일자리가 늘어나 경제가 활성화된다.

9 누구나 써야 하는 시설인 만큼 화장실 기술 혁신과 기반 시설 사업이 활성화된다.

10 위생 개선과 소득 증대로 공동체의 역량이 강화되어 사회 · 경제 · 정치적 불평등이 줄어든다.

11 지속가능한 공동체의 기본 조건인 물과 환경이 보호되고 지속가능한 에너지를 얻을 수 있다.

12 사용자 편의 위주의 화장실 대신 인분의 자원 가치를 활용하는 화장실 기술을 우선시하는 책임있는 생산과 소비가 촉진된다.

화장실, 지구촌 여성들의 삶을 좌우한다

지속가능발전목표 중 화장실과 관련된 목표 6.2는 여성과 여아 및 취약한 환경에 놓인 사람들에게 필요한 것이 무엇인가에 중점을 두고 있다. 이처럼 여성과 여자아이들을 특별히 언급하는 이유는 무얼까? 화장실 문제로 큰 타격을 입는 사람들이 바로 여성들과 여자아이들이기 때문이다. 위생의 문제가 어릴 적부터 여성들에게 얼마나 큰 영향을 미치는지를 보여주는 몇몇 사례를 소개한다. (출처 《Out of Order – The State of the World's Toilet 2017》, WaterAid 보고서)

화장실 때문에 학교를 빠져요. **청소년기**

방글라데시 다카에 사는 13세 여학생 이슈라트는 얼마 전까지 생리를 할 때는 학교를 빼먹었다. "1,400명이 다니는 학교에 화장실이 딱 하나뿐이었는데, 워낙 더럽고 잠금장치도 없어서 도저히 쓸 수가 없었어요. 얼마 전에 어느 단체

의 지원으로 학교에 깨끗한 화장실이 세워졌는데, 위생적인 여학생 전용 화장실까지 있어서 이젠 생리 중에도 안심하고 화장실을 쓸 수 있어요. 전에는 설사를 하는 아이들도 많았어요. 전에는 저도 자주 배가 아팠지만, 이젠 그런 일이 없으니까 학교를 빠지는 일도 없고 성적도 좋아졌어요. 장래 꿈이요? 훌륭한 의사가 되고 싶어요." 이처럼 깨끗한 화장실은 여학생의 출석률과 학업 성취도, 더 나아가 유망한 미래와 밀접한 관련이 있다.

방글라데시에서는

40퍼센트의 학교들이 깨끗한 화장실을 갖추지 않음	5세 이전 어린이의 **36퍼센트**가 발육부진	해마다 5세 이전 어린이 **2220명**이 설사증세를 보이는 질병으로 사망

어른이 되어도 마찬가지예요. **청년기**

나이지리아 보르노 주에서 살던 20세 여성 라합은 무력 분쟁을 피하느라 집을 떠나 아부자에 있는 난민 캠프에서 살고 있다. "이곳에는 깨끗한 화장실이 없어요. 모두들 풀숲을 찾아가 볼일을 봐요. 파리, 모기가 득시글거리는 건 당연하고, 때로는 뱀이 튀어나오기도 해요. 더 위험한 건 인적이 드문 이른 새벽이나 밤에 들이닥치는 남자들이에요. 술에 취해서 여자들에게 치근덕거리는데, 싫다고 뿌리쳐도 막무가내로 달려들어요. 그런 일을 당하지 않으려면 미리미리 피해야 해요. 그런 시간에는 집에서 아픈 배를 부여잡고 버틸 수밖에 없어요."

나이지리아에서는

깨끗한 화장실을 사용하지 못하는 인구가 **1억2천2백만 명**	5세 이전 어린이의 **33퍼센트**가 발육부진	해마다 5세 이전 어린이 **6만 명**이 설사증세를 보이는 질병으로 사망

아기를 잃었어요. **임신출산기**

시에라리온에 사는 18세의 케마는 임신 중에 인근 병원으로 실려 갔다. 임신 중인데 몸에 염증이 있어서 아기에게 전염될 수 있는 상황이었다. 케마는 난산 끝에 아들을 낳았지만 아기는 닷새 만에 숨을 거두었다. 케마의 병이 아기에게 옮겨졌다고 단언할 수는 없다. 그러나 성장기에 영양실조와 발육부진을 겪은 여성은 임신 중에 합병증에 걸리거나 난산의 고통에 시달릴 가능성이 높다. 오염된 물과 부실한 화장실은 흔히 만성적인 설사를 낳고 만성적인 설사는 영양실조와 발육부진을 낳는다.

시에라리온에서는

인구의 **19퍼센트**가 야외배변	5세 이전 어린이의 **38퍼센트**가 발육부진	해마다 5세 이전 어린이 **1270명**이 설사증세를 보이는 질병으로 사망

아기가 저체중이래요. **임신출산기**

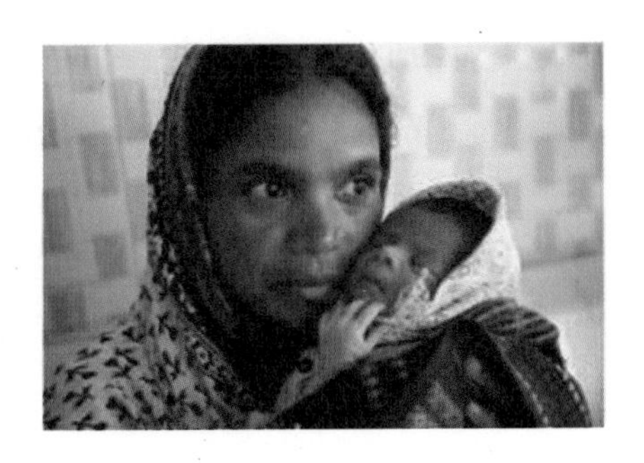

인도에 사는 25세 여성 마헤슈와리는 임신 중에 야외에서 볼일을 보는 게 고역이었다. "우리 집은 화장실을 지을 돈도 없고, 그럴 만한 공간도 없어요. 임신 중에는 몸이 무거워서 볼일을 보러 가는 것 자체가 힘들어요. 볼일을 보러 갈 때 저는 시어머니와 함께 나갔어요. 누군가 도움을 받지 않고는 풀숲에 쭈그리고 앉을 수도 없고, 앉았다가 일어설 수도 없거든요. 제가 아기를 낳았던 보건소에도 몸을 씻을 곳이 없었고, 화장실은 더럽고 지독한 냄새가 났어요. 해산을 하고 보니 제 아기는 표준 체중에 한참 못 미치더라구요." 이처럼 비위생적인 환경에서는 산모와 아기가 병균에 감염될 위험이 높다.

인도에서는

깨끗한 화장실을 사용하지 못하는 인구가 **7억3천2백만 명**	5세 이전 어린이의 **39퍼센트**가 발육부진	해마다 5세 이전 어린이 **6만 명**이 설사증세를 보이는 질병으로 사망

아기가 늘 아파요. **자녀양육기**

에티오피아에 사는 여성 우인셰트는 늘 딸이 걱정이다. 여덟 살 먹은 키시가 병치레가 잦은데, 지난해에는 죽음의 문턱까지 갈만큼 심하게 앓았다. 우인셰트는 이렇게 말한다.

“키시는 뭘 먹기만 하면 설사하고 토해내요. 그러니까 늘 뼈만 앙상하고 몸이 약해요. 의사 말로는 아이가 병균에 오염된 물을 마셔서 몸에 벌레가 생겨서 그런 거라네요. 아이 치료비로 엄청난 돈이 들어가요. 지난달에는 180비르를 썼는데, 그 돈이면 우리 가족이 한 달 동안 먹을 곡식을 살 수 있어요. 어디에서 볼일을 보냐고요? 화장실이 없으니까 적당한 곳에서 볼일을 보죠. 우리 마을 사람들은 거의 다 그래요.”

에티오피아에서는

인구의 **27퍼센트**가 야외배변	5세 이전 어린이의 **40퍼센트**가 발육부진	해마다 5세 이전 어린이 **8500명**이 설사증세를 보이는 질병으로 사망

이처럼 깨끗하고 안전한 화장실을 이용할 수 없는 비위생적인 환경에서는 많은 여성들이 몸은 허약해지고 병을 앓는다. 워낙 허약한 몸에 임신까지 하게 되면 심각한 합병증을 앓기 쉽고, 출산 과정 역시 순조롭지 않아 산모와 아기의 생명이 위험해지는 경우가 많다. 병약한 엄마의 뱃속에 자라는 아기 역시 병균에 감염되거나 충분한 영양을 섭취하지 못한다. 미숙아나 저체중아로 태어나 젖먹이 때 사망하는 비율이 높다. 일상적인 생리 현상을 안심하고 처리할 수 없는 환경 때문에 여자아이들은 학교에 제대로 다니지 못하고 성인이 된 여성들 역시 사회와 일터에서 활발히 일할 기회를 누리지 못한다.

깨끗하고 안전한 위생은 인간이라면 누구나, 언제 어디서나 보장받아야 할 기본적인 인권이다. 가난한 나라의 많은 여성들은 이런 기본적인 인권이 보장되지 않는 환경에서 여성이라는 특수성 때문에 생명과 건강을 지킬 권리, 교육을 받을 권리, 존엄한 대우를 받을 권리를 빼앗기고 있다. 그런 여성들이 얼마나 많겠느냐고?

앞서 소개한 에티오피아는 기본적인 화장실을 이용하지 못하는 인구 비율이 가장 높은 나라다. 이 나라에서는 전체 인구의 92.9퍼센트, 9천2백만 명이 기본적인 화장실을 이용하지 못 한다. 그 중 절반이 여성이라고 가정하면, 에티오피아 여성들과 여자아이들 약 4천6백만 명이 기본적인 화장실을 이용하지 못한다는 이야기다.

인구 대국 인도에서는 기본적인 화장실을 이용하지 못하는 인구가 무려 7억3천2백만 명인데, 그 절반이 여성이라고 가정하면 3억 6천6백만 인도 여성이 기본적인 화장실을 이용하지 못한다. 깨끗하고 안전한 화장실을 사용할 수 있게 되면, 이 많은 여성들은 적극적인 사회 활동을 펼치면서 잠재력을 발휘하고, 건강한 임신과 출산을 통해 여성 본인과 자녀의 건강과 생명을 지켜 가난에서 벗어나 행복한 삶을 이끌어갈 가능성이 훨씬 높아질 것이다.

가난한 나라에는 어떤 화장실이 필요할까?

● 지속가능발전목표에 포함된 〈2030년까지, 야외 배변을 완전히 없애고 모든 사람이 충분하고 공평한 위생설비를 이용할 수 있게 한다. 특히 여성과 여아 및 취약한 환경에 놓여있는 사람들의 필요에 주목한다.〉는 목표를 달성하기 위해서는 가난한 개발도상국들에서는 어떤 방식의 분뇨 처리 방법을 써야 할까?

빌 게이츠가 화장실을 재발명하자고 제안하면서 내놓았던 조건들 가운데 선진국 사용자들을 고려한 ⑤번 조건(개발도상국뿐 아니라 선진국에서도 누구나 사용하고 싶어 할 차세대 화장실)은 제외하고 다시 한 번 살펴보자.

1. 인간 배설물의 세균 · 미생물을 제거하고 에너지, 깨끗한 물, 영양소 등 귀중한 자원을 회수하는 화장실.

2. 상하수 배관망이나 전력망이 없이도 작동하는 화장실

3. 한 사람이 하루 사용할 때 드는 비용이 5센트 이하인 화장실

4. 가난한 지역에서 지속가능성이 있고 경제적으로 수익성이 있는 위생 서비스 및 사업으로 성장할 수 있는 화장실

앞서 살펴보았듯이 수세식 화장실과 대규모 하수처리시설은 분뇨를 깨끗하고 안전하게 처리할 수 있다. 하지만 수세식 화장실의 설치와 유지, 그리고 상하수도와 대규모 하수처리시설을 짓고, 관리하는 데에는 막대한 비용과 에너지가 투입되어야 한다. 또한 분뇨에 포함된 자원이 하수도로 버려진다는 문제도 있다.

빌 게이츠 역시 이런 문제들을 해결해야 한다고 생각했다. 그래서 이런 문제점들을 극복할 수 있는 혁신적인 화장실을 개발하자고 나선 것이다. 가난한 개발도상국들에는 ①②③④번 조건을 충족하는 화장실이 시급히 보급되어야 한다.

개발도상국들의 일부 지역에서는 이러한 조건들 대부분을 만족시키는 생태 순환 화장실이 보급되고 있다. 생태 순환 화장실은 분뇨가 그냥 버려지지 않고 생태계 속에서 순환되도록 하는 한편, 지역의 상황에 맞춘 다양한 형태를 가진다. 또한 분뇨를 단순히 활용하는 것을 넘어서서 분뇨를 이용해 새로운 소득원을 만드는 방안도 꾸준히 개발 중이다. 그 중 대표적인 사례 몇 가지를 살펴보자.

피푸백 – 일회용 변기

세계 각지의 가난한 마을에는 변변한 화장실을 마련할 여유가 있는 집이 많지 않다. 많은 사람들이 땅에 큰 구덩이를 파서 만든 화장실을 공동으로 사용한다. 그러나 공동 화장실을 가려면 한참을 걸어가야 해서 급한 경우에는 사용하기 어렵다. 게다가 언제나 사용자가 넘쳐나서 사용이 쉽지 않다. 그렇다고 집 밖 적당한 곳에 볼일을 보려면 남의 눈을 피해야 하니 신경이 많이 쓰이고 자존심도 구겨진다. 특히 여성들이나 아이들은 화장실에 오고가는 길에 범죄의 표적이 되기도 한다.

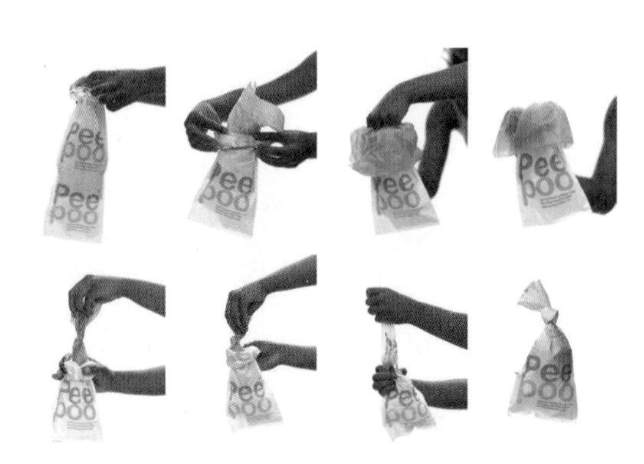

▲ 피푸백 사용법을 알리는 사진

그래서 등장한 것이 '플라잉 토일릿flying toilet', 날아다니는 화장실이다. 화장실이 없는 집에 사는 가난한 사람들이 비닐봉지에 볼일을 보고 아무데나 내버리는 간편한 방법을 찾은 것이다. 변기 대용으로 봉지를 쓰는 건 얼핏 보기엔 편리할 것 같지만 썩지 않는 비닐봉지가 환경을 오염시킬 뿐 아니라, 비닐봉지가 쉽게 찢어져 대변이 그대로 노출되는 등 위생 문제도 심각하다.

피푸백은 이 변기 대용 봉지에서 착안해 만든 일회용 변기이지만, 앞서 말한 플라잉 토일릿의 단점을 완벽하게 보완했다. 봉지 안에 요소 분말이 들어 있어 배설물을 넣은 뒤 보름이나 한 달쯤 지나면 모든 병균이 제거된다. 봉지는 생분해성 재질로 되어 있어 땅에 묻으면 배설물과 함께 분해되어 배설물 안의 영양분이 고스란히 땅으로 돌아간다.

피푸백은 2009년 케냐 나이로비의 빈민 지역 키베라의 실랑가 마을에서 처음 사용된 후 널리 보급되어 지금은 키베라 전역에서 수만 명이 쓰고 있다. 가격은 한 개에 3케냐실링(약 30원)인데, 볼일을 본 뒤 분뇨가 든 피푸백을 수집소에 가져다주면 1케냐실링을 돌려받는다. 피푸백을 쓰면 화장실 공간을 따로 마련할 필요가 없다는 것 또한 장점이다.

또한 피푸백은 소득원이 된다. 주민들은 이웃에 피푸백 사용을 권하는 피푸백 보급원이나 수집소 관리인으로 활동하면서 소득을 얻는 한편, 농민들은 분뇨가 든 피푸백을 싼값에 사들여 퇴비로 써서 농업 소득을 얻는다. 피푸백은 빌 게이츠의 혁신 화장실 조건들 ①②③④를 모두 충족한다.

상쾌한 삶을 선사하는 공동 화장실

케냐 빈민 지역의 많은 사람들은 깨끗하고 안전한 화장실을 사용하지 못하고 비위생적 환경에 노출되어 있다. 프레시 라이프Fresh Life 화장실은 이름 그대로 빈민 지역 주민들에게 상쾌한 삶을 선사하는 공동 화장실이다.

새너지Sanergy 회사는 케냐 빈민 지역의 위생 문제를 해결하기 위해 화장실 서비스 네트워크를 세우고 분뇨를 안전하게 수거한 뒤, 농업용 퇴비로 전환하는 방안을 생각해냈다. 이 회사는 현지 주민들 가운데서 화장실 임대 사업자를 모집해 화장실 운영을 맡긴다. 화장실을 사용하려는 사람은 운영자에게 소액의 사용료를 내고 화장실을 쓰는데, 볼일을 보고 나면 손수 똥 위에 톱밥을 뿌려주고 나와야 한다. 대변 위에 뿌려진 톱밥은 악취를 줄여

▲ 프레시 라이프 화장실

줄 뿐 아니라 미생물 분해를 돕는 역할을 한다. 변기는 오줌과 똥을 따로 모으는 구조로 되어 있다.

전담 수거원들이 손수레를 끌고 정기적으로 화장실들을 방문해 분뇨가 채워진 용기를 회수하고 깨끗이 세척한 빈 용기를 공급한다. 수거된 분뇨는 대형 용기에 합쳐져 외곽에 있는 퇴비 공장으로 옮겨진다.

이 화장실은 현지 주민들에게 다양한 소득원을 제공한다. 화장실을 임대해 운영하면서 돈을 버는 사람, 화장실을 만드는 공장에서 일해 돈을 버는 사람, 화장실에 모인 분뇨를 수거하고 요금을 받는 사람, 퇴비 공장에서 일하는 사람 등 다양한 일자리가 생기고, 농가들은 품질 좋고 값싼 퇴비를 이용해 소득이 늘어난다. 프레시 라이프는 빌 게이츠의 혁신 화장실 조건들 ①②③④를 모두 충족한다.

생태 자원의 순환을 보장하는 에코산 화장실

에코산Eco-san은 '생태 화장실'이란 뜻의 영어 '에코새니테이션Eco-Sanitation'의 약자다. 분뇨에 포함된 양분을 쓰레기로 버리지 않고 다시 이용하거나 재활용하여 생태계 자원의 순환을 보장한다는 장점이 있다. 물을 쓰지 않고 분뇨가 지하수로 흘러들어가지 않도록 하는 구조로 되어 있어 물이 부족하거나 지하수층이 얕아 물이 오염될 위험이 높은 곳에 적합하다.

에코산 화장실은 소변과 대변 모두를 농사용 거름으로 활용하는 데 적합한 구조로 되어 있다. 소변과 대변을 따로 받는 게 일반적이다. 소변이 대변에 섞이면 부피도 늘어나고 수분 함량이 높아 퇴비로 만들 때 더 많은 노력이 들기 때문이다. 소변은 따로 모아 며칠 묵혔다가 식물에 주면 훌륭한 양분이 된다. 에코산 화장실은 인도, 그리고 남미와 아프리카의 여러 개발도상국들에 보급되어 왔는데, 지역에 따라 필요에 따라 다른 형태로 개발, 보급되고 있다.

▲ 분뇨의 자원 가치를 살리는 에코산의 분뇨 처리 방식

▲ 에코산 화장실 ➞ 사용 중에는 화장실, 가득 차면 퇴비장

적절한 운반 수단을 이용해 퇴비화 시설로 대변을 옮길 수 있는 경우에는 에코산 화장실에 모아진 대변을 정기적으로 퍼내 퇴비화 시설로 옮긴다. 앞서 말한 프레시 라이프 화장실도 이런 방식을 쓴다. 둘 다 분뇨의 자원가치를 살리는 방식이다.

퇴비화 시설을 이용할 수 없는 경우에는 분뇨 구덩이를 두 개 파서 짓는 게 권장된다. 위 그림에 보이듯이, 구덩이를 두 개 파서 변기를 두 개 설치한다. 한쪽 구덩이에 연결된 변기 구멍은 막아두고 다른 쪽 변기만 이용한다. 쓰던 구덩이에 변이 가득차면 그 변기 구멍을 막고 다른 쪽 변기를 사용한다. 변이 찬 구덩이는 파리 등의 곤충이 접근하지 못하도록 입구를 막아 둔다. 몇 개월

이 지나 막아둔 구덩이 안에서 퇴비가 완성되면 퍼내서 농사에 활용한다. 이렇게 양쪽 구덩이를 퇴비 제조장과 화장실로 번갈아 가며 사용한다. 화장실에서 모은 분뇨를 농작물을 키우는 양분으로 사용할 수 있기 때문에 화학 비료에 의존하지 않고 농사를 지을 수 있다. 빌 게이츠의 혁신 화장실 조건들 ①②③④를 모두 충족한다.

인도에 보급 중인 에코산 화장실 변기는 수세식 변기에 익숙한 사람들 눈에는 낯선 구조다. 변기 앞쪽에 작은 구멍 하나, 가운데 큰 구멍 하나, 뒤쪽에 작은 구멍 하나가 나 있다. 각각 소변과 대변, 그리고 뒤를 씻고 난 물을 모으는 구멍이다.(인도 사람들은 볼일을 보고 나면 휴지를 쓰지 않고 물로 씻어내는 습관이 있어서 수세식 변기가 아닌 곳에도 반드시 물통이나 수도관 등 물을 쓸 수 있는 설비를 갖춘다.) 소변과 뒤를 씻고 난 물을 각각 따로 모았다가 식물을 키우는 데 사용하고, 대변은 따로 모았다가 퇴비로 만들어 쓸 수 있도록 설계했다.

야외에서 볼일을 보는 인구 비율이 높은 인도의 농촌에서는 학생들이 에코산 화장실을 전파하는 데 톡톡히 한몫을 한다. 인도 남부의 어느 마을에서는 얼마 전까지만 해도 거의 모든 주민들이 야외에서 볼일을 봤다. 그러던 어느 날 이 마을 고등학교에 처음으로 에코산 화장실이 세워졌다. 학생들은 학교의 에코산 화장실을 쓰면서 위생적이고 편리할 뿐 아니라 좋은 퇴비까지 나온다는 걸 알게

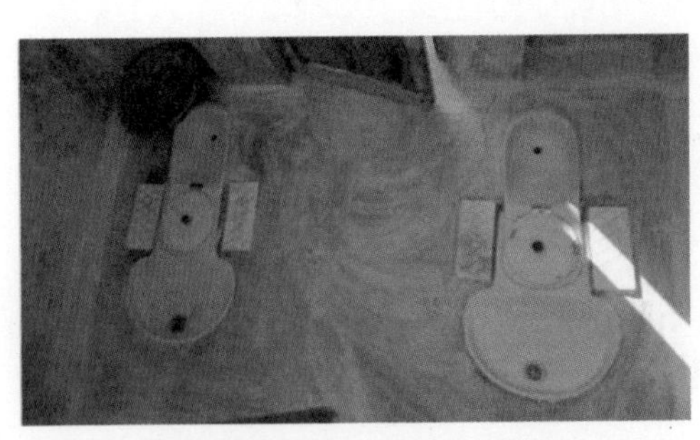
▲ 인도에 쓰이는 독특한 구조의 에코산 변기

되었다. 학생들은 너도나도 부모님에게 집에도 에코산 화장실을 만들자고 졸라댔다. 학생들의 꾸준한 설득 덕분에 집에 에코산 화장실을 설치하는 가구들이 차츰 늘어났다. 화장실에서 모은 분뇨를 퇴비로 만들어 쓰면서 농가에서는 작물 수확량이 늘고 소득이 늘었다. 이제 이 마을에서는 야외에서 볼일을 보는 습관이 거의 사라졌다.

핸디 팟, 수상마을의 새로운 화장실

캄보디아 톤레삽 호수에는 거대한 수상가옥촌이 형성되어 있다. 동양 최대의 호수로 꼽히는 톤레삽 호수는 캄보디아 면적의 15퍼센트를 차지하는데, 호수 주변에 사는 10만이 넘는 수상마을 주민들은 이곳에서 물고기를 잡고 빨래를 하고 수영도 한다.

수상 마을 주민들은 전통적으로 육상의 인적이 드문 수풀로 나가거나, 수상 가옥 바닥에 뚫린 구멍에서 볼일을 본다. 그런데 식량 공급의 원천인 톤레삽 호수가 인분으로 오염되면 수상 마을뿐 아니라 육지에 사는 주민들에게까지 질병이 퍼질 위험이 높다.

최근에 〈웨트랜드 워크Wetland Work!〉라는 사회적 기업이 이 문제를 해결하기 위해 '핸디 팟Handy Pod'이라는 위생 설비를 개발했다. 핸디 팟은 변기, 혐기성 미생물이 성장하는 소화조, 그리고 부레옥잠을 심은 수중 화분으로 구성되어 있다. 변기로 빠져나간 인분은 혐기성 소화조와 부레옥잠 뿌리에서 자라는 미생물에 의해 분해된다. 부레옥잠은 뿌리에서 질소와 인을 빨아들이

▲ 수상마을에서 쓰이는 핸디팟 화장실

고 부유물질을 걸러내고 미생물에 서식처를 제공하는 등 수질정화 능력이 탁월하다.

캄보디아뿐 아니라 동남아시아와 아프리카에도 수많은 수상 마을들이 있다. 이곳 사람들은 가난 때문에 물 위에서 사는 불편한 삶을 감수할 수밖에 없다. 따라서 이런 곳에는 핸디 팟처럼 안전하면서도 저렴한 화장실 기술들이 하루빨리 개발되고 보급되어야 한다. 핸디 팟은 빌 게이츠의 혁신 화장실 조건들 ①②③④를 모두 충족한다.

화장실에서 얻는 에너지, 바이오가스

우리가 매일 배출하는 음식쓰레기와 인분에는 유기물이 들어 있다. 이 유기물이 미생물에 의해 분해되면 메탄과 이산화탄소 등의 가스를 배출한다. 메탄은 이산화탄소보다 강력한 온실효과를 내는 가스로 주요한 대기오염원으로 꼽히지만, 화석연료를 대체하는 에너지원이 될 수 있다. 바이오가스는 분뇨에서 얻을 수 있는 지속가능한 에너지원이다. 가정용 바이오가스 설비에서 생산된 메탄은 흔히 가정내에서 요리용, 난방용, 조명용으로 쓰인다.

앞에서 살펴본 그라민 샥티의 바이오가스 설비 보급 사업에서 보듯이, 세계 각지에서 분뇨와 음식 쓰레기, 하수, 기타 유기물 쓰레기에서 발생하는 바이오가스를 이용해 에너지 자립을 이루는 가구들이 늘어가고 있다. 가축 분뇨를 얻을 수 있는 농가에서는 가구 단위로도 바이오가스 생산이 가능하지만 그렇지 않은 농가에서는 이웃 농가들과 함께 분뇨와 음식 쓰레기 등을 활용하는 바이오가스 설비를 공동으로 설치해 사용하기도 한다.

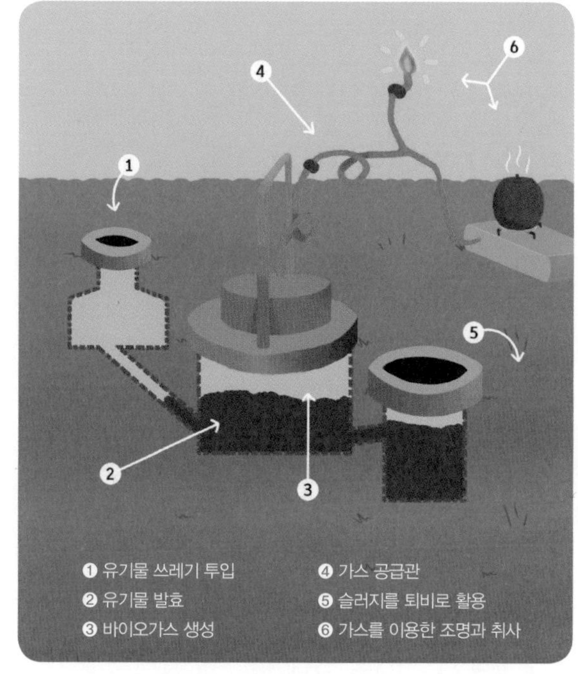

▲ 분뇨와 음식쓰레기를 이용한 바이오가스의 생산과 활용

바이오가스를 만들고 남은 찌꺼기는 퇴비로 쓸 수 있어 농가 소득을 늘릴 수 있고, 나무나 석탄 등의 화석연료로 쓰지 않기 때문에 이산화탄소 배출을 줄일 수 있다. 에너지 자립, 온실가스 감축, 주민 소득 증대까지 세 마리 토끼를 손에 넣을 수 있는 방법이다. 빌 게이츠의 혁신 화장실 조건들 ①②③④ 모두를 충족한다.

수세식 화장실의 한계를 보완하는 새로운 기술들

● 화장실은 비단 개발도상국의 문제만은 아니다. 선진국에서도 깨끗하고 안전한 화장실, 그리고 생태친화적인 화장실이 필요하다. 세계 곳곳에서 하수처리장을 넘어서서 화장실과 관련된 자원을 절약하고 영양분을 재활용하는 데 필요한 생태적인 기술들이 개발되고 있다. 그 중 몇 가지 사례를 살펴보자.

분뇨와 하수, 무시되어 온 보물 창고

석탄이나 석유 등 화석연료는 급속한 산업 발전을 뒷받침해온 동력원이었지만, 요즘에는 지구온난화와 대기오염, 산성비의 주범인 이산화탄소의 대량 배출원으로 눈총을 받고 있다. 반면에 최근 들어 바이오가스는 화석연료를 대체하는 새로운 에너지원으로 그 잠재력을 과시하고 있다.

수세식 화장실을 일반적으로 사용하고 대규모의 집중형 하수처리장들을 가동하고 있는 지역에서는 늘 막대한 양의 하수가 발생하고 하수처리 후에도 엄청난 양의 하수 슬러지가 발생한다. 최근 들어 선진공업국들에서는 수백 년 동안 쓰레기, 골칫거리로 취급하며 무시해온 분뇨와 하수를 에너지의 보물 창고로 보는 인식이 확산되고 있다. 세계 곳곳에서 대량의 바이오가스를 채취해 에너지로 이용하려는 움직임이 확산되고 있다.

국내의 일부 하수처리장들은 하수처리과정에서 발생하는 자원을 이용해 신재생에너지 생산 시설을 가동하고 있다. 처리장 내에 바이오가스와 태양광 발전, 물의 낙차를 이용해서 전기를 생산하는 소수력 발전, 열기관이나 터빈에서 버려지는 열을 활용하는 열회수 설비, 물과 공기의 온도차를 이용해 에너지를 얻는 하수열 설비를 갖추고, 이를 통해 얻은 에너지를 주택난방용 등 외부에 에너지를 공급하거나 하수처리장을 가동하는 에너지로도 활용하고 있다.

2022년 서울의 중랑, 난지, 탄천, 서남 등 4개 하수처리장의 에너지 총사용량은 156,203 TOE(석유환산톤)이고 에너지 총생산량은 28,397TOE(1TOE는 석유 1톤을 연소할 때 발생하는 발열량, 즉 10의 7승 칼로리를 말한다.)이다. 즉 처리장 가동에 필요한 에너지의 20퍼센트 가량을 처리장 내에서 생산하고 있는 셈이다. 서울 시내 하수처리장들은 2030년까지는 에너지 사용량보다 많은 에너지를 생산해 에너지 자립도 51퍼센트를 달성하는 것을 목표로 삼고 있다.

지구촌 리포트

서울 한강 옆의 하늘공원과 노을공원. 이곳 역시 거대한 바이오가스를 품고 있습니다. 이 공원들은 1978년부터 1993년까지 15년 동안 서울 시민들의 쓰레기를 쌓아두는 용도로 썼던 거대한 쓰레기 매립장을 2002년에 공원으로 조성한 것입니다. 공원 아래 묻혀 있는 쓰레기에서는 아직도 메탄가스와 침출수가 나와요. 침출수는 하수처리 시설을 거쳐 적정한 수질로 전환된 뒤 강으로 배출되지요. 이곳에서 나오는 메탄가스는 곳곳에 설치된 가스추출공을 통해 모아진 다음 발전소로 보내져 연료로 쓰입니다.

▲ 쓰레기더미가 쌓여있던 난지도(좌)와 공원화된 후 설치된 메탄가스추출공의 모습(우)

인천에도 거대한 바이오가스 생산 설비가 있습니다. 인천 매립지에 건설된 매립가스 자원화시설은 매립지 악취의 주원인인 바이오가스를 포집하여 4인 가족 약 5만 2천 가구가 사용할 수 있는 양의 전기를 생산합니다. 최근 들어 전국 곳곳에 하수처리장에서 발생하는 바이오가스를 열병합 발전소에 보내 인근 공동주택 단지에 전기와 난방열을 공급하는 설비가 들어서고 있습니다.

▲ 바이오가스를 도시가스로 전환하는 설비/소매곡리

우리나라에도 에너지 자립을 지향하는 마을이 있다. 바로 '냄새나는 똥통마을'로 소문났던 홍천의 소매곡리 마을이다. 이 마을에 떠돌던 냄새의 원천은 하수처리장과 가축분뇨처리시설이었다. 주민들은 심한 악취와 불편한 일상을 견뎌야 했고 마을을 떠나는 가구도 늘어났다. 하지만 주민들은 마음을 모아 위기를 기회로 바꾸어내는 기적을 이루어냈다. 분뇨를 자원으로 탈바꿈시키는 가축분뇨 바이오가스화 시설을 설립한 것이다.

홍천군 전역에서 하루 가축분뇨 80톤, 음식물 쓰레기 20톤이 이 마을로 들어온다. 이 쓰레기는 혐기성소화조에서 발효 과정을 거쳐 바이오가스를 생산한다. 이 바이오가스는 도시가스로 정제된 뒤 각 가구의 난방 연료로 공급되어 가구당 연간 91만 원의 난방비 절감 혜택을 준다. 마을에서 쓰고 남은 가스는 도시가스 공사에 판매된다. 주민들은 바이오가스화 시설 및 하수처리장에서 생기는 찌꺼기를 퇴비와 액비로 만드는 시설을 직접 운영하여 연간 퇴비 100톤, 액비 500톤을 생산하고 일자리를 창출하고 있다.

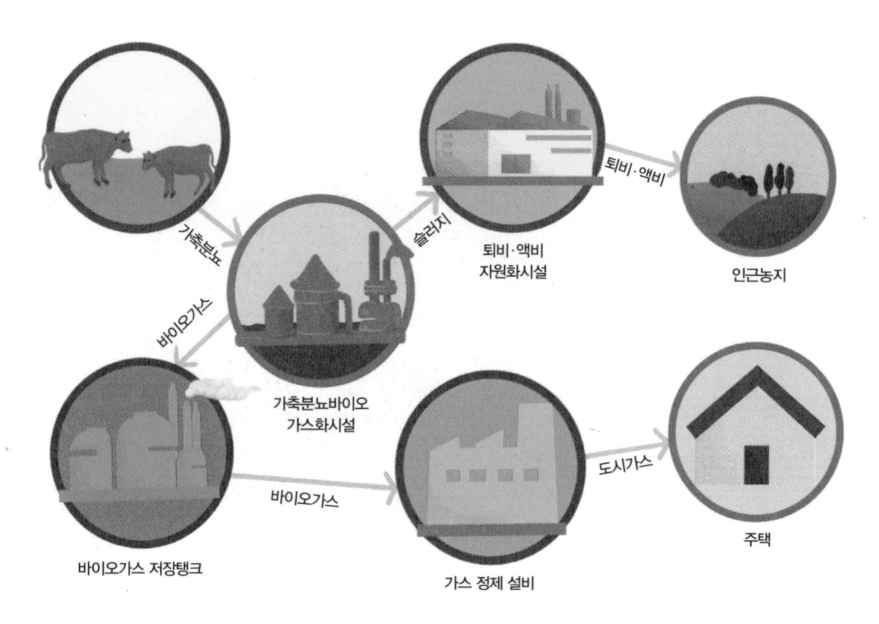

▲ 가축분뇨 바이오가스를 도시가스로 활용하여 난방연료 대체

이 마을은 하수처리장 위 공간과 일부 가구 지붕에 태양광 발전시설을 설치하고 하수처리장에서 방류되는 물을 이용해 전기를 생산하는 소수력발전까지 가동해 에너지 자립의 꿈을 키워가고 있다.

똥이 돈으로 바뀌는 비비 화장실

울산에 있는 유니스트(울산과학기술원)의 사이언스 월든 연구진은 인분을 분해해 연료로 만드는 화장실을 개발했다. 유니스트 캠퍼스 내 비비BeeVi 화장실은 물을 쓰지 않는다. 볼일을 보면 건조기와 분쇄기가 대변을 말려 가루로 만든다. 이 가루는 미생물반응조로 옮겨져 바이오가스를 생산한다. 바이오가스를 정제해 도시가스로 만들면 난방이나 조리용 연료로 쓸 수 있다. 물을 쓰지 않고 버려지던 분뇨의 자원 가치를 살리는 생태 순환 화장실이다.

▲ 유니스트에 설치된 비비화장실

비비 화장실에서 특이한 점은 똥의 자원 가치를 살리는 이 화장실을 쓸 때 얻어지는 경제적 가치에 '꿀'이라는 옷을 입히고 이 꿀을 화폐처럼 쓰게 하는 것이다. 이 화장실에서 큰일을 보는 사용자에게는 '10꿀'을 주고 이 10꿀을 캠퍼스 내 카페에 가져가면 음료수로 교환해준다. 많은 사용자들이 이 프로그램을 통해서 똥의 자원 가치를 생생하게 체험했다고 말한다.

연구진은 이 '꿀'을 '똥본위화폐'라고 부른다. 한 사람이 하루에 배설하는 인분의 가치를 500원 정도라고 평가하고 전 국민이 똥본위화폐를 사용하면 약 9조 원의 가치가 창출된다고 연구진은 추정한다.

유니스트 캠퍼스 내에는 이 아이디어의 상용화 방안을 연구하는 터전으로 생활형 연구실 '과학이 일상이 되는 집'이 들어선다. 이곳에서는 똥을 바이오에너지로 바꿔 난방과 온수, 식당 연료, 자동차 연료로 사용하는 순환 시스템의 연구가 진행된다. 연구진은 울산의 한 영화관에도 비비 화장실을 짓고 화장실 사용자에게 10꿀을 주어 영화관 서비스를 이용할 때 쓸 수 있게 하는 등 마을 단위, 도시 단위에서 똥의 자원 가치를 공유하는 공동체를 조성할 방안을 찾아갈 계획이다.

똥과 오줌으로 전기를 만드는 화장실

'박테리아'란 말을 들으면 사람들은 흔히 병을 퍼뜨리는 유해 세균을 연상한다. 하지만 앞으로는 박테리아를 보는 눈이 달라질 것이다. 현미경으로나 볼 수 있는 이 작은 유기체가 인류의 유망한 에너지 공급원으로 부상하고 있기 때문이다.

이미 박테리아를 이용해 전기를 만드는 미생물연료전지가 개발되었다. 미생물연료전지는 미생물이 유기물을 산화시킬 때 발생하는 전자와 수소이온이 양극과 음극을 오가며 물과 전기를 만들어내는 성질을 이용한 장치다.

미생물연료전지를 이용해 오줌으로 전기를 만드는 '피 파워Pee-Power'화장실이 개발되었다. 영국 웨스트잉글랜드 대학의 브리스톨 바이오에너지 센터가 개발한 이 화장실은 오줌 속 유기물을

▲ 피 파워 화장실

분해해 병균을 죽이고 전기를 생산하는 미생물연료전지를 이용해서 조명용 전구를 밝힌다. 게이츠 재단의 연구비 지원을 받아 개발도상국에 보급할 방안을 연구하고 있는 연구진은 우간다 어느 외딴 마을의 여학교에 이 화장실을 시범 설치했다. 국제구호단체 옥스팜은 세계 곳곳의 난민 캠프에 이 화장실을 도입할 계획이다. 대부분의 난민 캠프에 전기가 공급되지 않아 캄캄한 밤이면 공동 화장실이 안전 사각지대가 되기 때문이다.

오줌으로만 전기를 만들 수 있는 건 아니다. 대규모 하수처리장에 미생물연료전지 기술을 적용해 자체 시설 가동에 필요한 에너지를 생산하는 에너지자급형 처리장이 머지않아 탄생할 것이다. 미생물연료전지 기술은 지구상에 인류가 생존하는 한, 그리고 박테리아가 생존하는 한 지속가능한 기술이다.

똥을 먹고 움직인다, 에코봇!

사람은 음식을 소화해 에너지를 얻는다. 로봇 역시 에너지가 있어야 움직인다. 가정용 로봇 청소기나 산업용 로봇들은 대부분 외부에서 전기 에너지를 공급받아 움직인다. 로봇도 사람처럼 유기물을 먹고 그 유기물을 소화해 에너지를 얻을 순 없을까?

바로 이런 능력을 가진 '에코봇ECOBOT'을 브리스톨 바이오에너지 센터가 개발하고 있다. 이 에코봇은 설탕이나 죽은 파리, 썩은 사과 등 유기물을 먹고 움직인다. 앞으로 화장실 기술과 에코봇 기술이 결합해 '걸어다니는 화장실

로봇'이 탄생할 수도 있다. 한발 앞서 상상해보자. 공원을 산책하다 볼일이 급해지면 공중 화장실을 찾아 두리번거릴 필요가 없다. 공원 소속 에코봇을 호출하면 걱정 끝!

바이오가스로 달리는 버스

영국에는 바이오가스로 움직이는 버스가 있다. 버스 바깥에는 인분에서 얻은 연료로 달리는 버스라는 걸 알리는 그림이 있다. 이 버스의 연료는 하수처리장에서 음식물 쓰레기나 인분을 처리할 때 발생하는 바이오가스를 이용해 만든 바이오연료이다. 이 버스는 연료를 가득 채우면 300킬로미터를 달릴 수 있는데, 다섯 사람이 일 년 동안 배출하는 인분을 처리하면 이만큼의 바이오가스를 얻을 수 있다고 한다.

▲ 영국의 인분 활용 바이오가스 버스

널리 알려지지 않아서 그렇지 우리나라에도 바이오연료로 달리는 버스가 있다. 아직 많은 양은 아니지만, 하수처리 시설에서 발생하는 바이오가스를 정제하여 만든 고함량 메탄이 천연가스와 혼합된 뒤 자동차 연료로 공급되고 있다. 인천 드림파크의 천연가스 충전소에서는 시내버스와 청소차량들에게 이 연료를 공급한다.

차량 연료를 바이오연료로 바꾸면 대기오염을 줄이는 데도 도움이 된다. 경유 연료에 비해 배출가스와 질소산화물을 각각 30퍼센트, 40퍼센트 적게 배출하기 때문이다.

스웨덴은 재생에너지 사용비율이 가장 높은 나라다. 스톡홀름시에서는 대중교통 버스의 거의 100퍼센트가 바이오연료를 사용한다. 이 가운데서 바이오가스를 이용한 연료 비율이 15퍼센트에 이른다. 스웨덴의 지방 정부들은 배출가스를 줄일 수 있는 바이오연료 사용률을 더욱 높이기 위해 다양한 정책적 지원을 하고 있다.

지구촌 리포트

우주선 안의 적정 기술

2017년부터 미국 어느 대학의 연구진은 우주비행사들의 똥을 이용해 음식을 만드는 기술을 개발하고 있습니다. 역겨워할 필요까진 없어요. 정확히 말하면 똥이 아니라, 미생물을 이용하는 기술이니까요. 연구진은 인공 똥을 이용한 실험을 진행하면서 산소가 없는 조건에서 똥이 분해될 때 발생하는 메탄가스를 먹는 미생물을 투입했어요. 실험 결과 단백질과 지방 함량이 높은 물질이 생성되었답니다. 이 기술이 상용화되면 음식 구하기가 쉽지 않은 우주 공간에서 활동하는 우주 비행사들뿐 아니라, 먹을 것이 부족해 고통 받는 지구 위의 많은 사람들에게도 큰 도움이 될 수 있겠지요.

지속가능한 지구촌을 위한 화장실 혁명

혹시 아파트에 산다면 자신이 사는 아파트에 대략 몇 사람이 살고 있을지 계산해보라. 20층 아파트에 4인 가족 80가구가 산다면, 이 아파트에서는 하루 320인분의 똥이 나온다. 이 똥이 바로 자원이고 에너지다. 태양이 차갑게 식지 않는 한 태양열은 지속가능한 에너지다. 마찬가지로 사람이 먹고 자고 싸면서 살아가는 한, 우리의 분뇨는 또 하나의 지속가능한 에너지원이 될 수 있다.

세계 곳곳에서 첨단 화장실이 속속 등장하고 있다. 중국의 일부 공중 화장실에는 불필요한 화장지 낭비를 막기 위해 안면인식 센서가 달린 화장지 지급기계가 설치되었다고 한다. 우리나라에서도 각종 첨단 센서와 통신기술이 접목된 '스마트 화장실'이 개발되었다. 화장실 안에는 범죄 등 비상 상황이 발생했을 때 비정상적인 소리나 움직임을 자동으로 감지하는 센서가 설치되고 변기에는 배수관 막힘이나 누수를 감지하는 초소형 장비가 설치되어 경찰이나 관리자에게 신속하고 정확하게 정보를 전송한다고 한다. 어느 영화에 나오는 것처럼 사용자의 배설물을 실시간으로 검사해 건강 상태를 알려주는 인공지능 화장실도 곧 출현할 것이다. 이런 기술들은 훌륭하긴 하지만, 우리가 이루어야 할 화장실 혁명의 핵심이 아니다.

앞으로 새로운 화장실 이야기가 나올 때마다 우리는 이렇게 물어야 한다.

- 그 화장실 변기는 물을 써서 배설물을 흘려보내나요? 물은 얼마나 쓰죠? 그 변기 배수관은 하수로를 통해 대규모 하수처리장으로 연결되나요?
- 물을 구하기 어려운 곳 사람들도 쓸 수 있는 기술인가요?
- 분뇨 속 물질을 이용해 에너지를 생산하는 기술을 쓰고 있나요?

인류와 지구의 지속가능한 미래를 지키는 기술은 아주 높은 곳이나 아주 먼 곳에 있지 않다. 신석기 시대부터 인류는 동물 똥을 농사용 거름과 연료로 사용해왔다. 가까이 있는 물건, 끊임없이 생성되는 물건을 이용해서 필요한 것을 얻는 기술, 이것이 바로 적정 기술이다. 적정 기술이란 이름은 20세기에 출현했지만, 인류는 태곳적부터 일상생활 속에서 적정 기술을 갈고 닦으며 사용해왔다.

영국의 어느 국립공원은 오랫동안 산책 나온 사람들이 데리고 나온 개들의 똥 때문에 골치를 앓아 왔다. 그런데 최근 개똥을 연료로 가로등을 밝히는 장치를 개발해 가로등에 연결한 뒤로 일석이조의 혜택을 보고 있다. 개 주인이 이 장치에 개똥을 넣은 다음 손잡이를 돌리게 유도하자 개똥 쓰레기가 쌓이지 않아 공원이 깨끗해졌고 개똥으로 청정에너지를 생산해 공원을 밝힐 수 있게 되었다. 이 장치를 이용하면 개 열 마리의 배설물로 두 시간 동안 가로등을 밝힐 수 있다고 한다. 이 또한 적정 기술이다. 그리고 지속가능한 에너지 기술이다.

우리는 수세식 화장실에서 볼일을 보고 하얀 도기 변기의 배수관으로 콸콸 내려가는 물과 배설물을 볼 때마다 뜨끔한 마음을 느껴야 한다. 여러 개발도상국의 열악한 화장실 상황을 접할 때마다 깨끗하고 안전한 화장실은 지금으로선 돈과 기술이 있는 나라 사람들이나 누릴 수 있는 특권이구나 하는 생각을 하게 된다. 그러나 화장실은 특권이 되어서는 안 된다. 화장실은 인간이라면 누구나 누려야 할 인권이다.

화장실은 일시적이고 일방적인 지원으로는 해결할 수 없는 문제다. 나라마다 지역마다 기후가 다르고, 환경이 다르고, 문화가 다르고, 주된 산업이 다르기 때문이다. 그런 일은 물론 없겠지만, 식수로 마실 물도 부족한 아프리카 마을에 수세식 변기를 보낸다고 상상해보라. 아무리 좋은 기술도 그곳 사람들이 유용하게 쓸 수 없다면 무용지물이다. 이를 고려하지 않고 섣불리 뛰어들었다가는 자원만 낭비하고 도움은커녕 바람직하지 않은 충격을 줄 수 있다. 따라서 우리는 각 지역의 상황에 맞는 적정 기술을 개발, 이용할 수 있도록 관심과 지원을 기울여야 한다.

또 개발도상국 상황을 떠나서 생각해도, 인류는 오랜 세월 석탄과 석유를 캐내 연료로 쓰면서 지구온난화를 심화시켜 왔다. 각종 기상 이변과 생태계 변화가 점점 심각해지는데도, 물과 에너지를 대량으로 소비하는 수세식 변기를 최고의 변기로 여기고 사용하는 건 무책임한 일이다.

우리가 이루어야 할 화장실 혁명은 환경 혁명이고 자원 혁명이다. 자신이 싼 똥이든 남이 싼 똥이든 더럽다고 역겨워하지 말자. 물이 하늘에서 땅으로 바다로 순환하는 소중한 자원이듯이, 똥과 오줌 역시 우리 몸에서 자연으로 순환하는 소중한 자원이다.

인간의 건강을 보호할 뿐 아니라, 환경을 더럽히지 않고 자원 낭비를 최소화하는 화장실을 만드는 것은 우리가 현 세대와 다음 세대를 위해 반드시 이뤄내야 할 임무다.

수세식 변기,
작은 물통을 이용해서 물 절약해요

수세식 변기가 물을 많이 쓰고 에너지 낭비도 심하다는 건 알겠는데, 그렇다고 당장 집에 있는 수세식 변기를 물을 쓰지 않는 친환경 생태 변기로 교체할 수도 없는 일. 그렇다면 당장 물 절약을 실천할 방법은 없을까? 집이나 직장에 있는 수세식 변기를 이용할 때 물을 절약할 수 있는 간단한 방법은 없을까?

변기 수조에 물을 넣은 페트병을 넣는 방법은 이미 널리 알려져 있다. 대변용 소변용 밸브가 따로 있는 변기의 경우 소변용 버튼을 누르면 물이 3리터 정도만 내려온다. 변기에 소변용 밸브가 따로 없다면 이런 방법을 사용해 보자. 변기 옆에 작은 물통을 두고 3리터쯤 물을 채워 두는 것. 기왕이면 손잡이가 달린 물통을 쓰는 게 편하다. 대변을 보고 나면 밸브를 누르고, 소변을 보고 나면 밸브를 누르는 대신에 물통 손잡이를 쥐고 변기 안에 물을 쏟아부으면 된다.

가정용 욕실에는 일반적으로 변기와 세면대가 함께 있으니 물통에 담긴 물을 쓴 뒤에는 곧바로 물을 채워두면 된다. 한 가지 팁! 볼일을 마치고 손을 씻을 때 세면대 수도 밸브를 열지 말고 이 물통에 든 물을 사용하면 물 절약에 더 효과적이다. 수세식 변기는 보통 한번에 10리터 넘는 물을 사용하는데, 이 물통을 사용하면 물 7리터가 절약된다. 이 소변용 물통을 하루 네 번 사용하면 무려 28리터, 500밀리리터 물병으로 56개 분량의 물을 절약할 수 있다. 작은 크기라 자리도 많이 차지하지 않고 쓸 때마다 물 절약을 실천하고 있다는 뿌듯함을 느낄 수 있다.

참고 문헌

• 다니엘 푸러, 『화장실의 작은 역사』, 2005
• 조승연, 『소녀, 적정 기술을 탐하다』, 2013
• 이경선, 『국경 없는 과학기술자들 : 적정 기술과 지속가능한 세상』, 2013
• 나눔과 기술, 『적정 기술 : 36.5도의 과학 기술』, 2011
• 김성태 홍성욱, 『적정 기술이란 무엇인가』, 2011
• 김찬중, 『청소년과 함께 하는 나눔과 배려의 적정 기술』, 2017
• 마하트마 간디, 『마을이 세계를 구한다』, 2011
• C. D. 러미스, 『간디의 위험한 평화 헌법』, 2014
• E. F. 슈마허, 『작은 것이 아름답다』, 2002
• F. H. 킹, 『4천 년의 농부』, 2006
• 폴 폴락, 『적정 기술 그리고 하루 1달러 생활에서 벗어나는 법』, 2012
• 폴 폴락 맬 워윅, 『소외된 90퍼센트를 위한 비즈니스』, 2014
• www.mygov.in/group/swachh-bharat-clean-india
• www.gatesfoundation.org
• www.gatesnotes.com
• www.who.int
• www.unicef.org
• www.janickibioenergy.com
• www.wamis.go.kr
• www.ideglobal.org
• kickstart.org
• en.borda.de
• practicalaction.org
• www.engineeringforchange.org
• www.wateraid.org

- www.wateraid.org/us/media/out-of-order-state-of-the-worlds-toilets
- www.fostnepal.org
- www.peepoople.com
- www.saner.gy
- wetlandswork.com
- www.sanrights.org
- www.sei-international.org/mediamanager/documents/Publications/SEI-DB-2017-
- Dagerskog-Dickin-Clean&Green.pdf
- www.hcenergytown.com
- sciencewalden.org
- www.brl.ac.uk

교과연계내용

중학교 • 기술

Ⅵ. 생명기술과 지속 가능한 발전

  2. 적정 기술과 지속 가능한 발전

  3. 적정 기술 문제해결 활동

빌 게이츠의 화장실

– 지속가능한 지구촌을 위한 화장실 혁명

초판 1쇄 발행 2018년 4월 9일
8쇄 발행 2023년 7월 5일

지은이 —— 이순희
펴낸이 —— 박유상
디자인 —— 기민주

펴낸곳 —— 빈빈책방(주)
출판등록 제2021-00186호
경기도 고양시 덕양구 중앙로 439 서정프라자 401호
전화 031-8073-9773 팩스 031-8073-9774
전자우편 binbinbooks@daum.net
페이스북 /binbinbooks
네이버블로그 /binbinbooks
인스타그램 @binbinbooks

ISBN 979-11-962780-1-4 03530